できる

ゼロから はじめる スマホ 超入門 Android対応 最新版

法林岳之・清水理史＆できるシリーズ編集部

インプレス

ご購入・ご利用の前に必ずお読みください

本書は、2023年6月現在の情報をもとに「Android 13が搭載されたスマートフォン」の操作方法について解説しています。本書の発行後にスマートフォンやアプリの機能、操作方法、画面およびサービスの仕様などが変更された場合、本書の掲載内容通りに操作できなくなる可能性があります。

本書発行後の情報については、弊社のWebページ（https://book.impress.co.jp）などで可能な限りお知らせいたしますが、すべての情報の即時掲載ならびに、確実な解決をお約束することはできかねます。

本書の運用により生じる、直接的、または間接的な損害について、著者ならびに弊社では一切の責任を負いかねます。あらかじめご理解、ご了承ください。

本書で紹介している内容のご質問につきましては、巻末をご参照のうえ、お問い合わせフォームかメールにてお問合せください。電話やFAX等でのご質問には対応しておりません。また、本書の発行後に発生した利用手順やサービスの変更に関しては、お答えしかねる場合があることをご了承ください。

用語の使い方

　本文中で使用している用語は、基本的に実際の画面に表示される名称に則っています。

本書の前提

本書の各レッスンは、主にソフトバンクの Android 13 が搭載された Pixel 7a で手順を再現しています。また、AQUOS sense7（SH-53C／SH-M24）、Galaxy A23 5G（SCG 18）、Pixel 7、Xperia 5 IV（SOG09）で一部、動作確認を行っています。Android 13 が搭載された Pixel 7a 以外のスマートフォンをお使いの場合は、一部画面や操作が異なることがありますが、基本的に同じ要領で読み進めることができます。本文中の価格は、特に記載のある場合を除き、税込表記を基本としています。

「できる」「できるシリーズ」は、株式会社インプレスの登録商標です。

「QR コード」は株式会社デンソーウェーブの登録商標です。また、本書に掲載する会社名や商品名などは、米国およびその他の国における登録商標または商標です。本文中では™および ® マークは明記していません。

まえがき

　私たちの生活や仕事に欠かせない存在となりつつあるスマートフォン。通話やメール、メッセージ、SNSなどによるコミュニケーションをはじめ、インターネットを使った情報の検索、マップやカレンダー、ビデオ会議などのオンラインサービス、音楽や動画、ゲームが楽しめるエンターテインメント、キャッシュレス決済やオンライントレード、ショッピングなど、さまざまなシーンでスマートフォンを活用できるようになってきました。

　そんなスマートフォンにおいて、世界中でもっとも広く利用されているのが『Android』プラットフォームを採用したスマートフォンです。Androidを搭載したスマートフォンは、メールややマップ、カレンダー、YouTubeなど、Googleが提供する多彩なアプリが利用できるほか、日本国内向けサービスにも柔軟に対応できることも特長のひとつです。スマートフォンも国内外のさまざまなメーカーから多様なデザインのモデルが販売され、防水防塵やおサイフケータイなど、日本のニーズに応えるモデルも数多くラインアップされています。

　本書はそんなAndroidスマートフォンについて、わかりやすく解説した書籍です。スマートフォンがはじめての人はもちろん、「スマートフォンにしたけど、まだよくわからない」という人にも役立つように、基本操作や設定をはじめ、Webページの閲覧や地図の閲覧、SNSの活用など、スマートフォンの基本機能をていねいに解説しています。レッスンを読み進めていただければ、基本的な機能や使い方を理解でき、楽しいスマートフォンライフに第一歩を踏み出すことができます。

　最後に、本書を執筆するにあたり、手際良く作業を進めていただいた編集担当の小野孝行さん、藤原泰之さん、できるシリーズ編集部のみなさん、機材や情報提供をいただいた各携帯電話会社や端末メーカーのみなさん、MVNO各社のみなさんに心から感謝します。本書により、ひとりでも多くの人がAndroidスマートフォンを生活やビジネスに役立てられるようになれば、幸いです。

2023年6月

法林岳之・清水理史

本書の読み方

本書はスマートフォンをはじめて使う方に向けた入門書です。迷わず安心して操作を進められるよう、紙面は以下のように構成しています。

キーワード
機能名などのキーワードからレッスン内容がわかります。

操作はこれだけ
レッスンで使用する操作を載せています。

▶ **読みやすくてわかりやすい**
大きな画面をふんだんに使い、大きな文字でわかりやすく丁寧に解説しています。

▶ **省略せずに全手順を掲載**
操作に必要なすべての画面と手順を掲載しているため、迷わず読み進められます。

▶ **大切な基本もしっかり解説**
基礎知識や基本操作をしっかり解説しているため、知識ゼロからでも使いこなせるようになります。

※ここで紹介している紙面はイメージです。実際の紙面とは異なります。

目 次

ご購入・ご利用の前に必ずお読みください…… 2

まえがき………………………………………… 3

本書の読み方……………………………………… 4

第1章 スマートフォンの基礎を知ろう　　13

① スマートフォンでできることを知ろう <この章を学ぶ前に>…………… 14

② 携帯電話会社／MVNOと主な機種について知ろう <携帯電話会社と機種>… 16

③ 各部の名称と役割を知ろう <各部の名称／役割> ………………… 18

④ タッチパネルの操作を覚えよう <タッチ操作> ………………………… 20

⑤ スマートフォンの電源をオン／オフしよう <電源を入れる／切る> ……… 24

Q&A スマートフォンを充電するには？………………………… 26

第2章 スマートフォンを使ってみよう　　27

⑥ 基本的な操作を身に付けよう <この章を学ぶ前に> ………………… 28

⑦ 画面を表示しよう <スリープ、ロック解除>………………………… 30

⑧ 3つの基本操作を覚えよう <システムナビゲーション>……………… 34

⑨ ホーム画面の内容を確認しよう <ホーム画面> ……………………… 38

⑩ 通知の内容を確認しよう <通知パネル、通知>……………………… 40

⑪ アプリの使い方を覚えよう <アプリの起動、終了>………………… 44

⑫ 日本語を入力しよう <日本語入力> ………………………………… 48

⑬ 半角英数字を入力しよう <英数字入力> ……………………………… 52

⑭ 記号や絵文字を入力しよう <記号や絵文字の入力> ……………………… 56

Q&A スマートフォンの状態を確認するには ………………………………… 60

Q&A 文字を削除したい！ ………………………………………………… 61

Q&A もっと早く文字を入力したい！ ……………………………………… 62

Q&A 文字のコピーや貼り付けはできるの？ …………………………… 63

Q&A 音声で入力できるって本当？ ………………………………………… 64

第3章 スマートフォンを使いやすく設定しよう 65

⑮ 知っておきたい基本設定を理解しよう <この章を学ぶ前に> …………… 66

⑯ [設定] の画面を表示しよう <[設定] の画面> ………………………… 68

⑰ Googleアカウントを新たに設定しよう <Googleアカウント> …………… 72

⑱ すでに持っているアカウントを設定しよう <Googleアカウントの追加> ‥ 80

⑲ 他人に使われないようにロックをかけよう <セキュリティロック> ……… 84

⑳ マナーモードに切り替えよう <マナーモード> ………………………… 90

㉑ Wi-Fiに接続しよう <Wi-Fiの設定> …………………………………… 92

㉒ Wi-Fiのオン／オフを切り替えよう <Wi-Fiのオン／オフ> …………… 96

㉓ 指紋センサーでロックを解除しよう <指紋認証> ……………………… 98

Q&A 画面の明るさや点灯時間を調整できないの？ ……………… **102**

Q&A 文字の大きさを変えたい！ ……………………………………… **103**

Q&A 電波を一時的にオフにしたい……………………………………… **104**

Q&A 画面が回転しないようにしたい ………………………………… **105**

Q&A スマートフォンの動きが止まってしまった！ ………………… **106**

Q&A ソフトウェア更新はしたほうがいいの？ …………………… **106**

第4章　電話を使ってみよう　107

24 電話をかけたり受けたりしよう ＜この章を学ぶ前に＞ …………… **108**

25 電話をかけよう ＜電話発信＞……………………………………… **110**

26 電話を受けよう ＜電話着信＞ …………………………………… **114**

27 連絡先を登録しよう ＜連絡先の登録＞ ………………………… **116**

28 登録した連絡先に電話をかけよう ＜連絡先の利用＞…………… **122**

Q&A 不在着信から電話をかけ直すには………………………………… **124**

Q&A 着信履歴を表示するには ………………………………………… **125**

Q&A 留守番電話は利用できないの？ ………………………………… **126**

第5章 メールをしよう 127

29 利用できるメールの種類を知ろう ＜この章を学ぶ前に＞ ·············· **128**

30 電話番号を使ってメールを送ろう ＜SMS（ショートメッセージサービス)＞··· **130**

31 Gmailでメールを送ろう ＜Gmail、メールの作成＞ ····················· **136**

32 Gmailでメールを返信しよう ＜メールの確認、返信＞ ················· **140**

33 写真をメールで送ろう ＜添付＞ ···································· **144**

Q&A メールに添付された写真を保存したい ···························· **146**

第6章 インターネットを楽しもう 147

34 スマートフォンでインターネットを楽しもう ＜この章を学ぶ前に＞ ····· **148**

35 Webページを検索しよう ＜Chrome＞ ······························· **150**

36 Webページをお気に入りに登録しよう ＜ブックマーク＞ ·············· **156**

37 複数のWebページを切り替えて見よう ＜タブ＞ ····················· **160**

38 カメラを使って検索しよう ＜Googleレンズ＞ ······················· **164**

Q&A しゃべって検索するには ······································· **166**

Q&A ホーム画面から検索するには ··································· **167**

Q&A パソコンで見たときと同じようにWebページを表示したい ······ **168**

第7章	写真や動画を撮ろう	169

39 スマートフォンで写真を楽しもう <この章を学ぶ前に> ················ 170

40 写真を撮ろう <カメラ> ·································· 172

41 撮った写真を見よう <フォト（写真）> ······················· 176

42 撮影した写真を壁紙にしよう <壁紙> ························ 180

43 動画を撮ろう <カメラ（動画）> ··························· 184

Q&A 撮影した写真や動画を削除したい ····························· 188

Q&A 自動バックアップを止めたい！ ······························ 189

Q&A QRコードを簡単に読み取るには ···························· 190

第8章	アプリを使ってみよう	191

44 スマートフォンでアプリを楽しもう <この章を学ぶ前に> ············ 192

45 目的地を検索しよう <Googleマップ> ······················ 194

46 目的地までの経路を検索しよう <Googleマップ、経路検索> ············ 200

47 アラームを設定しよう <時計> ··························· 204

48 予定を管理しよう <カレンダー> ·························· 208

49 アプリを切り替えて使おう <アプリの切り替え> ················ 212

50 アプリを追加しよう <Playストア> ························ 216

51 アプリを更新しよう <アプリとデバイスの管理> ················ 220

52 有料のアプリを利用しよう <コードを利用> ··················· 222

| Q&A | ホーム画面のアプリを整理したい！ | 228 |

| Q&A | アプリを削除したい | 229 |

| Q&A | 検索した目的地に目印を付けたい | 230 |

| Q&A | 目的地の場所や情報を相手に教えるには | 231 |

| Q&A | 表示された画面をメモ代わりに保存したい | 232 |

第9章　LINEを使ってみよう　233

53 LINEでできることを知ろう ＜この章を学ぶ前に＞ ………………… 234

54 LINEを使うには ＜新規登録＞ ………………………………………… 236

55 友だちを追加しよう ＜友だち追加＞ ………………………………… 242

56 トークでやり取りしよう ＜トーク＞ ………………………………… 246

57 グループに参加しよう ＜グループ参加＞ …………………………… 248

58 電話のように音声でやり取りしよう ＜音声通話＞ …………………… 250

59 アカウントを移行するには ＜かんたん引き継ぎQRコード＞ ………… 252

| Q&A | トークの通知を切りたい！ | 256 |

| Q&A | トークで写真を送るには | 257 |

| Q&A | LINEのスタンプを利用するには | 258 |

第10章 もっとスマートフォンを活用しよう　259

60 便利な機能・アプリを使いこなそう ＜この章を学ぶ前に＞ ・・・・・・・・・・・・ **260**

61 写真を手軽に見た目よく補正しよう ＜写真の編集＞ ・・・・・・・・・・・・・・・ **262**

62 スマートフォン決済を使いたい ＜PayPayの登録と利用＞ ・・・・・・・・・・・ **266**

63 Bluetoothイヤホンを使いたい ＜Bluetooth＞ ・・・・・・・・・・・・・・・・・・・ **272**

64 クイック設定を自分好みに設定したい ＜クイック設定の編集＞ ・・・・・・・・・ **274**

Q&A スマートフォンの写真をパソコンで見たい ・・・・・・・・・・・・・・・・・・・・ **276**

付録 iPhoneからデータを移行するには ・・・・・・・・・・・・・・・・・・・・・・・・・・・・ **277**

索引 ・・・ **283**

本書を読み終えた方へ ・・・ **286**

第1章

スマートフォンの基礎を知ろう

ここ数年、スマートフォンが広く利用されるようになってきました。なかでもAndroidプラットフォームを採用したスマートフォンは、さまざまな機能やデザインのモデルが各社から販売され、幅広いユーザーに利用されています。この章ではスマートフォンの基本として、特長や料金構成、各部の名称、タッチパネルの操作などについて、解説します。どの機種にも共通するものなので、しっかりと確認しておきましょう。

この章の内容

❶ スマートフォンでできることを知ろう　　14
❷ 携帯電話会社／MVNOと
　主な機種について知ろう　　16
❸ 各部の名称と役割を知ろう　　18
❹ タッチパネルの操作を覚えよう　　20
❺ スマートフォンの電源をオン／オフしよう　24
　スマートフォンの「困った！」に答える**Q&A**　26

◆この章を学ぶ前に◆

レッスン 1 スマートフォンでできることを知ろう

スマートフォンにはさまざまな機能が搭載されています。具体的に、どんなことに利用できるのでしょうか。スマートフォンの特長について、確認してみましょう。

第1章 スマートフォンの基礎を知ろう

電話やメール、メッセージをやり取りできます

スマートフォンは従来の携帯電話と同じように、電話やメールが利用できます。メールはスマートフォンで広く利用されているGmailが便利です。メッセージアプリを使えば、友だちや家族と手軽にいつでもメッセージのやり取りができます。

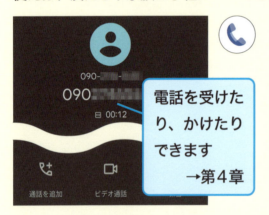

電話を受けたり、かけたりできます
→第4章

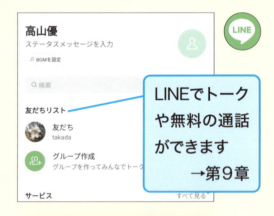

LINEでトークや無料の通話ができます
→第9章

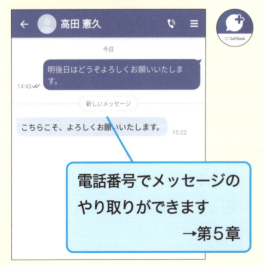

電話番号でメッセージのやり取りができます
→第5章

Gmailでメールのやり取りができます
→第5章

写真や動画を楽しめます

スマートフォンにはカメラが搭載されているため、いつでも写真や動画を撮影することができます。撮影した写真を壁紙に設定したり、お気に入りの動画をいつでもくり返し楽しむことが可能です。

静止画や動画を撮影できます
→第7章

撮影した写真を壁紙に設定できます
→第7章

インターネットやアプリが楽しめます

スマートフォンはインターネットに接続できるため、Webページでさまざまな情報を検索したり、地図のアプリを使って、目的地までの経路を調べたりできます。ゲームのアプリで遊んだり、キャッシュレス決済などにも利用できます。

Webページを検索できます
→第6章

地図のアプリを使って、目的地を検索できます
→第8章

携帯電話会社／MVNOと主な機種について知ろう

キーワード 📢 携帯電話会社と機種

スマートフォンは携帯電話会社やMVNO各社と回線を契約することで、電話やインターネットが利用できます。国内で販売されている主な機種も知っておきましょう。

携帯電話会社／MVNOについて知っておこう

国内ではNTTドコモ、au（KDDI）、ソフトバンク、楽天モバイルが携帯電話サービスを提供していて、同じ携帯電話会社で別ブランドのサービスも提供しています。また、各携帯電話会社では契約やサポートなどをオンライン専用にしたプランも選べます。MVNO各社は各携帯電話会社からネットワークを借り、独自のサービスを提供しています。

種別	事業者	特長
携帯電話会社	NTTドコモ au（KDDI） UQモバイル（KDDI） ソフトバンク ワイモバイル（ソフトバンク） 楽天モバイル	・店頭でも契約できる ・店頭でサポートが受けられる ・通信速度が制限されない ・分割払いの端末購入プログラムが利用できる
オンライン専用 （携帯電話会社）	ahamo（NTTドコモ） povo2.0（KDDI） LINEMO（ソフトバンク）	・契約やサポートはオンラインに限定 ・料金が割安（データ通信使い放題プランはない） ・メールサービスなどが有料オプション ・端末は販売されていないか、別途購入が必要 ・携帯電話会社と同じネットワークを利用
MVNO （格安SIM）	IIJmio OCNモバイルONE mineo（オプテージ） イオンモバイル BIGLOBE（KDDI） NUROモバイル	・主要3社のネットワークを借りて、サービスを提供・月額料金が割安 ・データ通信量の少ない料金プランが中心 ・時間帯によって、通信速度が遅くなることがある ・端末はSIMフリーモデルから選ぶ

主な機種を知ろう

スマートフォンはさまざまな機種が販売されていますが、国内では日本の各携帯電話会社の携帯電話網（モバイルネットワーク）への接続が確認された機種のみが利用できます。各携帯電話会社に加え、MVNO各社や家電量販店でも販売されていて、ここに挙げた4つのシリーズのほかにも多くのメーカーからいろいろな機種が販売されています。

●AQUOSシリーズ
シャープが製造するスマートフォンです。必要十分なスペックでバランスに優れた「AQUOS sense」シリーズは、各携帯電話会社やMVNO各社で広く取り扱われているほか、家電量販店やECサイトなどでも販売されています。

●Pixelシリーズ
Androidプラットフォームを開発するGoogleが自ら手がけるスマートフォンです。AndroidプラットフォームやGoogleが提供するサービスをいち早く利用できます。AIを活かした『消しゴムマジック』や『ボケ補正』など、独自機能も人気です。

●Galaxyシリーズ
スマートフォンで世界トップシェアを持つサムスンのスマートフォンです。NTTドコモやauなどで販売されるほか、オープン市場向けのSIMフリーモデルも販売しています。優れたユーザビリティとカメラ性能の高さが魅力です。

●Xperiaシリーズ
ソニーが開発するスマートフォンで、各携帯電話会社やMVNO各社で扱われています。カメラ、オーディオ、ゲーム、映像などを存分に楽しむためのスマートフォンとして開発されています。

> **ヒント**
>
> **最新機種はすべてSIMフリー**
>
> 従来はスマートフォンに特定の携帯電話会社のSIMカードでしか利用できない「SIMロック」がかけられていましたが、2021年10月以降に販売された機種は、SIMロックを解除した状態（SIMフリー）で販売されています。そのため、どの携帯電話会社やMVNOでも利用できますが、利用するときは各社の動作確認情報を確認しましょう。

レッスン 3 各部の名称と役割を知ろう

キーワード　各部の名称／役割

スマートフォンの各部の名称と役割を確認しておきましょう。機種によって、ボタンの位置やレイアウト、デザインが異なりますが、本書ではPixel 7aを例に解説を進めます。

各部の名称と役割（前面）

◆受話口／スピーカー
通話時に相手の声が聞こえます

◆タッチパネル
画面を指でタッチして、スマートフォンを操作します

◆送話口／マイク
通話で話しかけるときに使います

◆インカメラ
写真を撮影するときに切り替えて自撮りができます

◆電源キー
スリープの設定や解除、電源のオン／オフができます

◆音量キー
受話口やスピーカーから出る音量の大小を調整できます

ヒント

電源キーや音量キーの配置は機種によって異なる

ここではPixel 7aを例に各部の名称を解説していますが、ボタン類の位置は機種によって異なります。電源キーが右側面のもっと下寄りに備えられ、音量キーが上側にレイアウトされていたり、音量キーが左側面に備えられた機種もあります。自分のスマートフォン本体と取扱説明書を参照しながら、各部を確認してみましょう。

各部の名称と役割（背面）

◆**アウトカメラ**
写真や動画の撮影で使います。複数のレンズが搭載されている機種もあります

◆**ライト**
暗い環境で点灯させて撮影できます

◆**SIMカードスロット**
SIMカードをセットします。機種によってはmicroSDメモリーカードも装着できます。本体内蔵の「eSIM」を利用する機種もあります

◆**外部接続端子**
充電やパソコンなど、ほかの機器との接続で使います。USB Type-Cと呼ばれる端子が主流です

ヒント

指紋センサーの位置を確認しよう

指紋認証に使う指紋センサーは、側面や背面に備えた機種、電源ボタンに内蔵した機種、ディスプレイに内蔵した機種があります。

独立した指紋センサーが備えられた機種もあります

電源キーに指紋センサーが内蔵された機種もあります

レッスン 4 タッチパネルの操作を覚えよう

キーワード タッチ操作

スマートフォンは指先などでディスプレイに直接、触れて操作するタッチパネルを採用しています。タッチ操作は触れ方や指先の動かし方により、いくつかの方法があります。

第1章 スマートフォンの基礎を知ろう

タップ／ダブルタップ

ここでは［電話］のアプリを起動します

に軽く指で触れます

［電話］のアプリが起動します

ヒント

2回連続でタップする操作がダブルタップ

タップは画面に一度、軽く触れる操作ですが、2回連続してタップする操作を「ダブルタップ」と呼びます。パソコンでマウスを操作するときのダブルクリックと同様です。写真や地図を表示したとき、拡大や縮小するための操作などにダブルタップを使います。

ロングタッチ

アプリのアイコンのメニューを表示します

アイコンに指で触れた状態を保ちます

メニューが表示されました

スワイプ（フリック）

画面を下から上へ、はらうように触れます

画面がスクロールして、画面の続きが表示されました

> **ヒント**
>
> ### 指先を動かす強さを意識しよう
>
> スワイプ（フリック）の操作は指先を動かす強さや勢いによって、反応が変わります。たとえば、画面をスクロールするとき、勢いよくスワイプすると、すばやくスクロールしますが、ゆっくりとスワイプすると、画面のスクロールもゆっくりになります。

ドラッグ

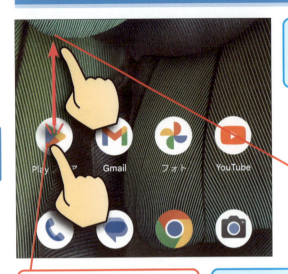

ここではドラッグ して、ホーム画面のアイコンを移動します

❶ ▶のアイコンをロングタッチ します

アイコンが移動できるようになりました

❷ ▶を指で押さえて、上に移動します

❸ アイコンが移動したら、画面から指を離します

ヒント

ドラッグのコツを覚えよう

指先で画面を弾くように動かすスワイプと違い、ドラッグは画面に指先を当てたまま、動かします。アイコンをうまくドラッグできないときは、まず、ドラッグしたいアイコンをしっかりとロングタッチして、指先を離さず、ゆっくりと動かしましょう。画面が切り替わるようなところでは、画面に触れている指先を離さないように注意します。途中で指先を画面から離してしまうと、ドラッグしたアイコンはその場所に配置されてしまいます。

ピンチアウト／ピンチイン

ここでは地図の表示を拡大します

❶ 2本の指で画面に触れたまま、指を開きます

次にピンチイン して、地図の表示を縮小します

❷ 2本の指で画面に触れたまま、指を閉じます

地図の表示が縮小されます

ヒント

写真やWebページの操作でも使える

ここではピンチアウトで地図の表示を拡大し、ピンチインで縮小しましたが、Webページや写真を表示するときも同じように操作することで、表示を拡大したり、縮小できます。

スマートフォンの電源を オン／オフしよう

レッスン 5

キーワード 🔈 電源を入れる／切る

第1章 スマートフォンの基礎を知ろう

スマートフォンを使えるようにするには、電源キーを長押しして、本体の電源を入れます。スマートフォンの電源を切るときの操作も確認しておきましょう。

操作は これだけ　タップ ➡20ページ

電源をオンにする

電源キーを長押しします

起動すると、ロック画面が表示されます

レッスン❼（30ページ）を参考に、ロックを解除できます

> **ヒント**
>
> **電源がオンにならないときは**
>
> 電源ボタンを長押ししても電源が入らないときは、本体が充電されていない可能性があります。本章のQ&Aを参考に、本体のバッテリーを充電して、電源をオンにしましょう。

電源をオフにする

メニューが表示されました

❶電源キーと音量キーの上を同時に押します

メニューが表示されないときは電源ボタンを長押しします

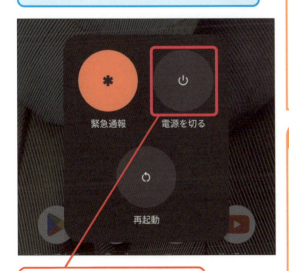

❷［電源を切る］⏻をタップ👆します

ヒント
再起動することもできる

電源メニューに表示されている［再起動］をタップすると、本体を再起動できます。本体の動作が不安定なときなどに試しましょう。

ヒント
電源ボタンの長押しでオフにする機種もある

ここでは電源キーと音量キーの上を同時に押していますが、機種によっては電源ボタンの長押しで、同様のメニューが表示され、電源を切ることができます。また、一部の機種は通知パネルからも電源の操作ができます。

スマートフォンの「困った！」に答える Q&A

Q スマートフォンを充電するには？

A 電源アダプターが付属していない機種は市販品を購入します

スマートフォンは接続ケーブルで電源アダプターに接続すると、充電できますが、電源アダプターが同梱されていないときは、別途、市販品を購入します。スマートフォンの外部接続端子は一部の機種を除き、USB Type-Cが採用されていますが、電源アダプターの端子はUSB Type-AやUSB Type-Cの場合もあるので、確認しましょう。また、ワイヤレス充電に対応した機種もあります。

● スマートフォンの充電に必要な周辺機器

◆接続ケーブル（充電ケーブル）
電源アダプターに接続する端子はアダプター側の端子に合わせたものを用意します

◆電源アダプター
接続するケーブルに合った接続端子が搭載されているかどうかを確認します

● スマートフォンと充電ケーブルの接続

スマートフォンの下部にある外部接続端子に充電ケーブルを接続します

充電ケーブルを電源アダプターに接続すると、充電が開始されます

第2章

スマートフォンを使ってみよう

スマートフォンは画面にタッチしながら、操作をします。この章では基本となる3ボタンやジェスチャーによる操作をはじめ、ホーム画面の内容や通知などについて説明します。アプリの起動や文字の入力など、スマートフォンの基本的な使い方についても解説します。

この章の内容

❻ 基本的な操作を身に付けよう	28
❼ 画面を表示しよう	30
❽ 3つの基本操作を覚えよう	34
❾ ホーム画面の内容を確認しよう	38
❿ 通知の内容を確認しよう	40
⓫ アプリの使い方を覚えよう	44
⓬ 日本語を入力しよう	48
⓭ 半角英数字を入力しよう	52
⓮ 記号や絵文字を入力しよう	56
スマートフォンの「困った！」に答える**Q&A**	60

◆この章を学ぶ前に◆

レッスン6 基本的な操作を身に付けよう

スマートフォンのさまざまな機能を使うには、基本的な操作を理解する必要があります。ホーム画面の操作やアプリの起動と終了、文字入力を覚えましょう。

基本操作、ホーム画面、ロック解除を覚えよう

スマートフォンは指先で画面にタッチしながら操作します。まずは基本のタッチ操作を覚えましょう。スマートフォンを起動したときに表示されるホーム画面、アプリなどからのさまざまな情報が表示される通知画面の役割も理解しましょう。

◆ホーム画面
画面ロックを解除すると、表示されます
→レッスン❽、❾

◆通知画面
不在着信やメールの受信などの通知が表示されます
→レッスン❿

アプリの起動や終了を覚えよう

スマートフォンでさまざまな機能を使うには、アプリを利用します。アプリの一覧画面にはスマートフォンにインストールされているアプリが表示されます。アプリの起動と終了、切り替えなどの操作について、説明します。

◆アプリ一覧
スマートフォンにインストールされたアプリが表示されます
→レッスン⓫

文字入力の基本を覚えよう

スマートフォンでメールやメッセージをやり取りしたり、Webページに必要な情報を入力するときなどに、画面に表示されたキーボードを使って、文字を入力することができます。日本語や英数字、記号、絵文字などの入力方法を説明します。

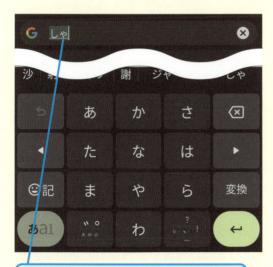

日本語や英数字を入力できます
→レッスン⓬、⓭

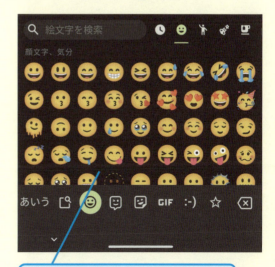

絵文字や記号を入力できます
→レッスン⓮

レッスン 7 画面を表示しよう

キーワード スリープ、ロック解除

スマートフォンをしばらく操作しないと、画面の表示が消え、「スリープ」と呼ばれる状態になります。ロックを解除して、スリープから復帰しましょう。

操作はこれだけ

タップ ➡20ページ　　スワイプ ➡21ページ

第2章 スマートフォンを使ってみよう

ロック画面の表示

① スリープを解除します

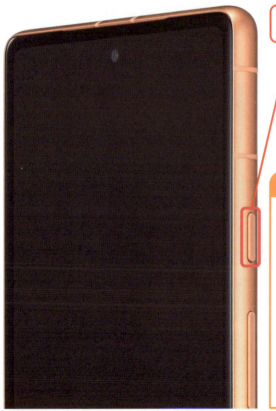

電源キーを押します

ヒント

ロック画面が表示されないときは

電源キーを押しても画面が点灯しないときは、スマートフォンの電源が切れています。レッスン❺を参考に、スマートフォンの電源を入れましょう。電源が入らないときは、バッテリー残量がまったくないかもしれないので、26ページを参考に、ACアダプターを接続して、充電しましょう。

② スリープが解除されました

> ロック画面が表示されました

> 初期設定の画面が表示されたときはiPhoneから移行する場合は付録（277ページ）を参考に、移行できます

ヒント

持ち上げたり、画面のタップでスリープを解除できる

ここでは電源キーを押して、スリープを解除していますが、機種によっては、スマートフォンを持ち上げると、自動的にスリープが解除され、ロック画面が表示されます。また、画面のタップやダブルタップで、スリープを解除できる機種もあります。指紋センサーを搭載している機種は、指紋センサーに指先を当てると、スリープが解除され、画面ロックが解除されるものがあります。

次のページに続く ▶▶▶ できる | 31

ロックの解除

① 画面のロックを解除します

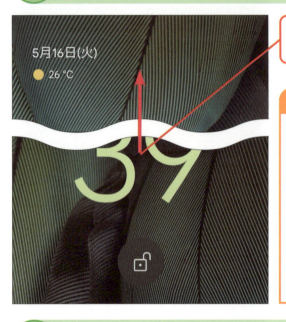

画面をスワイプします

ヒント

指紋認証などで画面ロックを解除するには

スマートフォンでは紛失時などの悪用を防ぐため、より安全なセキュリティのロックを設定できます。指紋センサーによるロック解除も設定できます。セキュリティロックはレッスン㉓（98ページ）で解説します。

② 画面のロックが解除されました

ロックが解除され、ホーム画面が表示されました

電源キーを押すと、画面が消灯して、スリープの状態になります

ロック画面の代表的な例

スマートフォンは機種や設定しているホームアプリによって、ロック画面を解除する操作が少しずつ違います。多くの機種はカギのアイコンを上方向にスワイプしたり、画面のスワイプでロックを解除できます。自分の機種のロック画面と解除の操作を確認しましょう。指紋センサーによる指紋認証に加え、顔認証でロックを解除する機種もあります。また、ロック画面右下のカメラのアイコンを斜め上方向にスワイプすると、ロックを解除せずに、カメラを起動できます。

●カギのアイコンを操作する

カギのアイコンをタップやスワイプでロックが解除できます

●画面をスワイプする

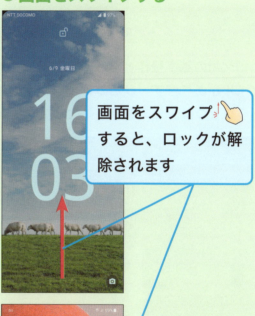

画面をスワイプすると、ロックが解除されます

スリープ、ロック解除

33

レッスン 8 3つの基本操作を覚えよう

キーワード　システムナビゲーション

Androidを搭載したスマートフォンでは、「ホームへ移動」「戻る」「アプリの切り替え」という3つの基本操作を使います。それぞれの操作を確認して、覚えましょう。

第2章　スマートフォンを使ってみよう

システムナビゲーションを確認しよう

Androidの基本操作となる「システムナビゲーション」には、大きく分けて、2つのスタイルがあります。ひとつは画面最下段に表示された3つのボタンで操作する方法で、もうひとつはジェスチャーによって、3つの基本操作をする方法です。

◆ジェスチャーナビゲーション
画面下端に白いバーが表示されます

◆3ボタンナビゲーション
画面下端に3つのボタンが表示されます

ホーム画面に戻る「ホームへの移動」

ホーム画面を表示する「ホームへの移動」は、ジェスチャーナビゲーションでは下から上方向にスワイプし、3ボタンナビゲーションでは◉（ホーム）ボタンをタップします。何かアプリを使っているときでもこの操作で、すぐにホーム画面を表示できます。

●ジェスチャーナビゲーション

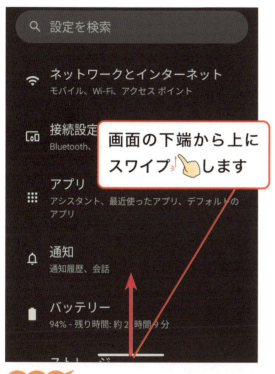

画面の下端から上にスワイプします

●3ボタンナビゲーション

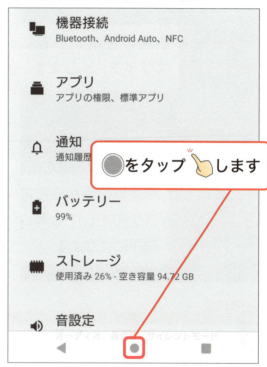

◉をタップします

ヒント

3ボタンナビゲーションのアイコンや並び順を確認しよう

3ボタンナビゲーションで画面の最下段に表示されるボタンは、機種によってはアイコンのデザインが違ったり、並び順（配置）が異なることがあります。デザインや並び順が違っても動作は変わりません。また、ボタンのデザインや並び順を好みに合わせて、変更できる機種もあります。自分が使いやすいように、デザインや並び順をカスタマイズするといいでしょう。

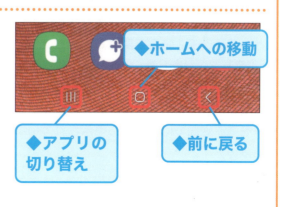

◆ホームへの移動
◆アプリの切り替え
◆前に戻る

「前に戻る」を覚えよう

「前に戻る」はスマートフォンを操作しているとき、ひとつ前の画面に戻りたいときに使います。ジェスチャーナビゲーションでは画面の左右の端から内側にスワイプします。3ボタンナビゲーションでは◀ボタンをタップします。

● ジェスチャーナビゲーション

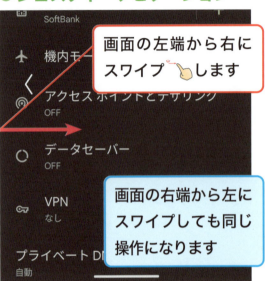

画面の左端から右にスワイプ👆します

画面の右端から左にスワイプしても同じ操作になります

● 3ボタンナビゲーション

◀をタップ👆します

ヒント

システムナビゲーションは変更できる

システムナビゲーションは自分の好みに合わせて、ジェスチャーナビゲーションと3ボタンナビゲーションのいずれかを選ぶことができます。設定を変更したいときは、[設定]アプリを起動し、レッスン⓰を参考に、「システムナビゲーション」を検索してみましょう。また、システムナビゲーションを選ぶ画面では、右側に表示されている歯車のアイコンなどをタップすることで、それぞれの操作の内容を確認したり、細かい設定を変更することができます。

[システムナビゲーション]で設定を変更できます

「アプリの切り替え」を覚えよう

起動中のアプリを切り替えるときは、以下のように「アプリの切り替え」の操作をします。アプリの履歴が表示されたら、左右にスワイプして、切り替えたいアプリの画面をタップすると、アプリを切り替えることができます。

● ジェスチャーナビゲーション

● 3ボタンナビゲーション

レッスン **9** ホーム画面の内容を確認しよう

キーワード ホーム画面

スマートフォンが起動すると、「アイコン」や「ウィジェット」と呼ばれる絵が並んだ「ホーム画面」が表示されます。ホーム画面は操作の起点になる画面です。

操作はこれだけ　タップ ➡20ページ 　スワイプ ➡21ページ

ホーム画面の構成を覚えよう

◆ホーム画面
アイコンやフォルダ、ウィジェットが表示されます。左右にスワイプすると、画面が切り替わります。

◆アプリアイコン
インストールされているアプリがアイコンで表示されます。

◆ウィジェット
インストールされているミニアプリの画面が表示されます。

◆ステータスバー
通知アイコンや時刻、電波状態、バッテリーの残量などが表示されます

ヒント

機種によって画面の構成が異なる

ホーム画面を構成するアイコンやウィジェットなどのデザインは、機種によって、異なります。ほかのスマートフォンのホーム画面は、次のページで解説しています。

ほかのスマートフォンのホーム画面例

ホーム画面

◆ウィジェット

◆ステータスバー

◆フォルダ
複数のアプリをまとめられます。タップすると、フォルダを開けます(228ページ)

◆アプリアイコン

タップすると、アプリの一覧が表示されます→レッスン⓫

◆[ホーム]ボタン

◆[戻る]ボタン

◆[アプリの切り替え]ボタン

ヒント

ホーム画面を切り替えられる

ホーム画面は左にスワイプすると、表示を切り替え、ホーム画面の続きを表示できます。続きが存在しないときは、表示されません。どのページを表示していてもホームキーのタップなど、[ホームへの移動]の操作をすると、最初に表示されるページに戻ります。また、ホーム画面に表示されている専用ボタンをタップすると、アプリ一覧を表示する機種もあります。

画面を左にスワイプします

ホーム画面の続きが表示されます

▶▶▶ 終わり できる 39

レッスン 10 通知の内容を確認しよう

キーワード 通知パネル、通知

ステータスバーを下方向にドラッグすると、通知パネルを表示できます。通知パネルではアプリの通知を確認でき、通知をタップすると、アプリを起動できます。

| 操作はこれだけ | タップ ➡20ページ | スワイプ ➡21ページ | ドラッグ ➡22ページ |

1 通知パネルを表示します

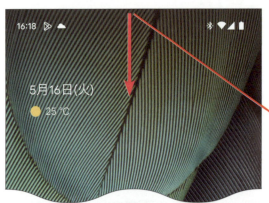

レッスン❼（30ページ）を参考に、ロックを解除しておきます

ステータスバーを下にドラッグします

ヒント

通知パネルのボタンで機能を簡単に利用できる

通知パネルを表示したとき、マナーモードやWi-Fiなどの設定を切り替える機能ボタンの一覧が表示されます。「クイック設定ボタン」や「機能タイル」などと呼ばれ、表示された各機能のボタンをタップして、簡単に設定を切り替えられます。

第2章 スマートフォンを使ってみよう

40 できる

② 通知を消去します

通知パネルが表示されました

◆クイック設定
各タイルをタップすると、設定を切り替えられます

◆通知
アプリの通知が一覧で表示されます

> **ヒント**
>
> ### どんな通知が表示されるの？
>
> 通知パネルにはスマートフォンにインストールされているアプリの通知をはじめ、不在着信や受信メール、アプリの更新やインストールなどの情報、天気予報などが表示されます。

ここでは天気予報の通知を消去します

消去する通知を左にスワイプします

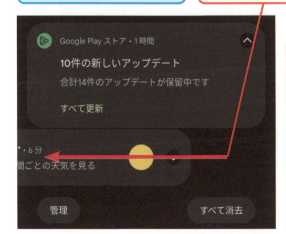

> **ヒント**
>
> ### 消去できない通知もある
>
> 手順2では表示された通知をスワイプして、消去していますが、通知によっては消去ができず、常に表示されるものがあります。消去できない通知はそのままにしておいて、かまいません。

次のページに続く ▶▶▶

③ 通知パネルを閉じます

上にスワイプします

通知パネルが閉じ、ホーム画面が表示されます

「すべて消去」をタップすると、表示された通知をまとめて消去できます

ヒント

ロック画面に表示された通知を確認するには

スマートフォンの通知は、ロック画面にも表示されることがあります。表示された通知の右端に表示された⌄をタップすると、通知の一部を確認できます。通知をタップすると、通知を表示したアプリを起動し、内容を確認できますが、指紋認証やPINなどによるセキュリティロックを設定しているときは、通知を表示する前に、ロック解除の操作が必要になります。また、ロック画面に表示する通知は、アプリごとに通知の可否を設定したり、通知のプライベートな内容はロック解除後に表示するなどの設定ができます。

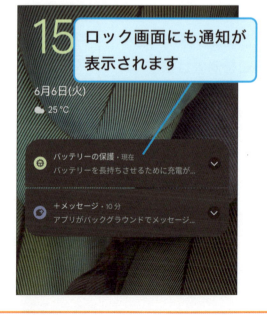

ロック画面にも通知が表示されます

ほかのスマートフォンの通知パネルの例

❶ ステータスバーを下にドラッグします

通知パネルが表示され、通知の一覧が表示されました

ここをタップすると、[設定]の画面が表示できます
→レッスン⓰

◆クイック設定

◆通知

❷ 上にスワイプします

通知パネルが閉じ、ホーム画面が表示されます

レッスン 11 アプリの使い方を覚えよう

キーワード　アプリの起動、終了

スマートフォンではアプリを使うことで、多彩な機能を利用できます。インストールされているアプリ一覧の表示、アプリの起動と終了を覚えましょう。

第2章 スマートフォンを使ってみよう

操作はこれだけ

 タップ ➡20ページ　　 スワイプ ➡21ページ

アプリの起動

1 アプリの一覧を表示します

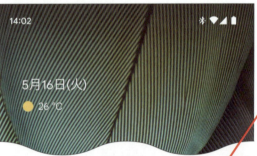

レッスン❽（34ページ）を参考に、ロックを解除しておきます

ホーム画面を上にスワイプします

ヒント

ホーム画面のアイコンから起動することができる

起動したいアプリがホーム画面に表示されているときは、アプリのアイコンをタップすると、起動できます。アプリ一覧を表示しなくてもすぐに起動できます。

> ヒント

アプリ一覧の表示を切り替えられる機種もある

表示されたアプリ一覧は、上下にスワイプすると、スクロールできますが、機種によってはアプリ一覧がページごとに区切られていて、左にスワイプすると、一覧の続きのページが表示されます。

画面を左にスワイプします

一覧の続きが表示されました

② アプリを起動します

アプリの一覧が表示されました

[時計]をタップします

間違った場合は？ 起動するアプリを間違えたときは、47ページの「アプリの終了」を参考に、アプリを終了して、もう一度、アプリを起動し直してください。

次のページに続く ▶▶▶ できる | 45

11 アプリの起動、終了

3 アプリが起動しました

［時計］のアプリが起動しました

ヒント

複数のアプリを切り替えながら使える

複数のアプリを起動して、画面を切り替えながら使うことができます。アプリの切り替え方については、レッスン㊾（212ページ）で解説します。

ヒント

アプリを検索できる

ホーム画面やアプリ一覧に表示されている検索ボックスをタップして、アプリ名を入力すると、インストールされているアプリを検索できます。入力する文字はアプリ名の一部でもかまいません。ホーム画面の検索ボックスでは下段にアプリの候補が表示されます。

ここをタップすると、アプリを検索できます

アプリの終了

45ページを参考に、アプリを起動しておきます

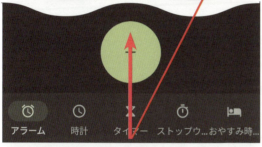

ここを上にスワイプします

アプリが終了し、ホーム画面が表示されました

ヒント

アプリを完全に終了するには

スマートフォンでは複数のアプリを起動できますが、一度に多くのアプリを起動すると、動作や反応に影響があります。使わなくなったアプリは、こまめに終了しましょう。ただし、この手順での終了は、アプリによってはバックグラウンドで動作を続けます。アプリを完全に終了するには、レッスン㊾（212ページ）で説明する手順で終了しましょう。

レッスン 12 日本語を入力しよう

キーワード　日本語入力

日本語を入力するには画面に表示されたソフトウェアキーボードを使います。ダイヤルキーでは五十音の各行のボタンをタップして、読みを入力し、変換します。

操作はこれだけ　タップ ➡ 20ページ

1 アプリを起動します

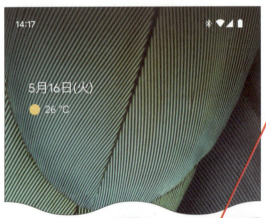

ここでは［Chrome］のアプリを起動して文字を入力します

をタップします

ヒント

日本語入力の流れを理解しよう

スマートフォンに搭載されている日本語入力システムは、機種ごとに違うため、少しずつ操作が異なります。ただし、読みを入力して変換し、表示された予測変換の候補から入力したい文字をタップする流れは、基本的にどの機種でも共通です。ここではPixelシリーズをはじめ、多くの機種に搭載されているAndroidプラットフォーム標準の「Gboard」を使って、入力しています。

2 ソフトウェアキーボードを表示します

[Chrome]のアプリが起動しました

ここをタップします

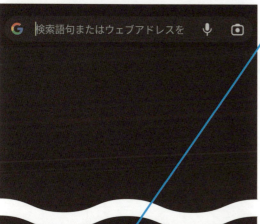

ソフトウェアキーボードが表示されて、検索ワードやURLが入力できる状態になりました

ヒント

英数字、絵文字、記号も入力できる

ここでは日本語を入力していますが、入力モードを切り替えることにより、英数字を入力したり、絵文字や記号を入力することもできます。半角英数字はレッスン⓭、記号や絵文字はレッスン⓮で解説します。

③ 「し」と入力します

ここでは「写真」と入力します

さを続けて2回タップします

間違った場合は？ ほかのキーをタップしてしまったときは、キーボード右上の⊗キーをタップすると、文字を削除できます。

④ 「ゃ」と入力します

「し」と入力できました

続けて「ゃ」と入力します

❶ やをタップします

❷ 　をタップします

ヒント

濁音や半濁音を入力するには

「ご」や「で」などの濁音、「ぽ」などの半濁音の文字を入力するには、元の文字のキーをタップし、続けて　キーをタップします。一度のタップで濁点、二度のタップで半濁点が付加されます。

5 残りの文字を入力します

「ゃ」と入力できました

続けて、「しん」と入力します

❶ さ を続けて2回タップします

❷ わ を続けて3回タップします

6 文字を変換します

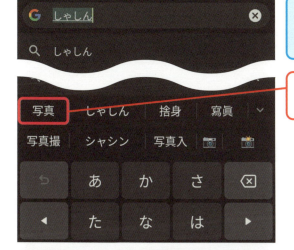

入力した「しゃしん」を「写真」に変換します

[写真] タップします

「写真」に変換できました

半角英数字を入力しよう

キーワード 英数字入力

入力モードを英字入力や数字入力に切り替えると、半角英数字を入力できます。英字はパソコンなどと同様のQWERTY配列のキーボードでも入力できます。

操作はこれだけ：タップ ➡20ページ

1 キーボードの設定画面を表示します

レッスン⑫（49ページ）を参考に、ソフトウェアキーボードを表示しておきます

❶ をタップ します

❷ をタップ します

❸ をタップ します

② 12キーレイアウトの設定を変更します

日本語のキーボードを設定する画面が表示されました

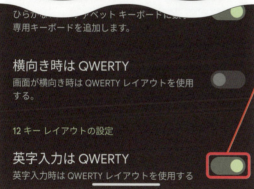

［英字入力はQWERTY］の ◯ をタップします

左上の ← を3回タップして、ソフトウェアキーボードを表示した画面に戻ります

ヒント

テンキーのままでも英字を入力できる

ここでは入力モードを英字に切り替え、QWERTYキーボードで入力していますが、テンキーのままでも英字が入力できます。手順2の12キーレイアウトの設定を変更せず、入力モードを英字に切り替えると、テンキーのそれぞれに英字が割り当てられたキーボードが表示されます。ひらがなを入力するときと同じように、それぞれのキーをくり返しタップすると、英字を入力できます。たとえば、ABCキーを3回タップすると、「c」が入力されます。

次のページに続く ▶▶▶ できる | 53

③ 英字入力に切り替えます

あa1をタップします

④ 大文字の「A」と入力します

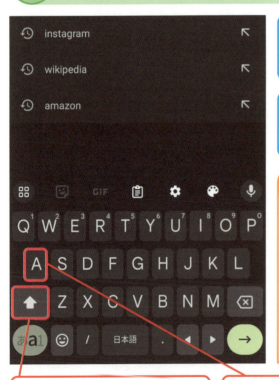

QWERTYキーボードに切り替わりました

ここでは「Android」と入力します

ヒント
数字を効率よく入力できる

QWERTYキーが表示された状態で、数字を入力するときは、最上段のキーを上方向にロングタッチします。たとえば、[w]をロングタッチすると、「2」と[w]を選んで入力できます。

❶ ⇧ をタップします　　❷ A をタップします

5 残りの文字を入力します

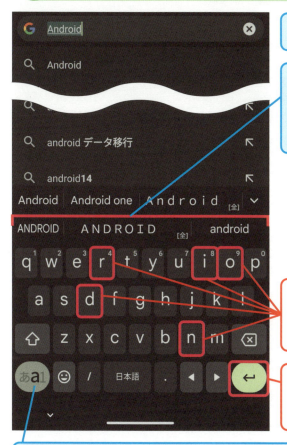

大文字の「A」を入力できました

ここに表示された変換候補をタップ して、入力を確定することもできます

❶続けて、ndroidの順にタップ します

❷ ← をタップします

入力された文字が確定されます

あa1 を2回タップ すると、日本語の入力モードに切り替わります

ヒント

大文字を入力するには

QWERTYキーボードで英字の大文字を入力するときは、手順4のように、⇧を一度、タップして、文字を入力します。大文字を連続して、入力したいときは⇧をダブルタップして、Caps Lock（⇧）に切り替えます。もう一度、⇧をタップすると、Caps Lockを解除することができます。また、テンキーの英字入力モードでは、テンキーをタップした後、a⇔Aをタップすると、大文字に変換できます。文字を入力したときの予測変換の候補に、大文字が表示されることもあります。

記号や絵文字を入力しよう

キーワード 記号や絵文字の入力

メールやメッセージサービスでは、記号や絵文字を入力することがあります。入力モードを切り替え、表示された一覧から選んで、記号や絵文字を入力します。

| 操作はこれだけ | タップ ➡20ページ  |

記号を入力します

1 記号の一覧を表示します

ここでは[+メッセージ]（レッスン㉚）で記号を入力します

❶ 😊記 をタップ します

ヒント

絵文字や記号のアイコンで切り替えられる

ここでは😊記をタップして、絵文字や記号が入力していますが、他の機種でもキーボードに同様のボタンが表示されていたり、絵文字や記号のアイコンが表示されているので、確認してみましょう。

❷ ☆ をタップ します

② 入力する記号を選択します

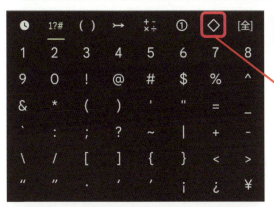

ここでは赤いハートを入力します

❶ ◇をタップします

❷ ♥をタップします

ヒント
記号の一覧を切り替えよう

手順2で表示されている記号の一覧は、最上段の各項目を選ぶと、記号のグループを選択できます。たとえば、[( )]をタップすると、かっこ記号の一覧が表示されます。

▶をタップすると、記号が送信されます

ヒント
[＋メッセージ]って何？

ここでは[＋メッセージ]のアプリで絵文字を送っています。[＋メッセージ]はNTTドコモ、au、ソフトバンクが共同で提供しているメッセージングサービスで、携帯電話番号のみで文字や絵文字、写真、スタンプなどを相互にやり取りできます。

14 記号や絵文字の入力

次のページに続く ▶▶▶ できる 57

絵文字を入力します

1 絵文字の一覧を表示します

表示されている画面が違うときは、手順1の2枚目の画面を表示します

❶😀をタップします

❷🕴をタップします

ヒント

絵文字の画面はスクロールできる

手順1の下の画面では、絵文字の一覧が表示されていますが、この画面は上下にスワイプすると、一覧をスクロールさせることができ、より多くの絵文字から選ぶことができます。

② 入力する絵文字を選択します

ここではOKサインを出している人を選択します

👩をタップ👆します

▶をタップ👆すると、記号が送信されます

ヒント

最近使った絵文字を簡単に入力できる

直近に使った絵文字は、手順1の2枚目の画面にある時計のアイコンをタップすると、簡単に選ぶことができます。［絵文字を検索］をタップして、「花火」や「ケーキ」などと入力して、絵文字を検索することもできます。

▶▶▶ 🏁 終わり

スマートフォンの「困った！」に答える**Q&A**

Q スマートフォンの状態を確認するには

A 画面最上段のステータスバーで確認します

スマートフォンの画面最上段には、「ステータスバー」が表示されています。アイコンのデザインや配置は機種によって違いますが、ステータスバーの右半分のエリアには、バッテリーの残量や電波状態などを表わす「ステータスアイコン」、左半分のエリアにはアプリの状態や着信などを表わす「通知アイコン」が表示されます。ステータスアイコンは常に表示され、通知情報があるときは、通知アイコンが表示されます。通知パネルにはアプリからの情報が次々と表示されるので、こまめに確認しましょう。

◆ステータスアイコン
電波状態やバッテリーの残量などを確認できます

●主なステータスアイコン

アイコン	情報の種類	意味／解説ページ
◢	電波状態	電波の強さと通信方式が表示される
▽	Wi-Fi（無線LAN）	Wi-Fi接続中に表示される。接続中は電波の強さが表示される　→92ページ
📳 🔇	バイブレーションモード	マナーモード設定時に表示される。機種によっては表示されない
✈	機内モード	機内モードが有効になっているときに表示される　→104ページ
🔋 ⚡	バッテリー（残量／充電中）	バッテリーの残量や充電中の状況が表示される

第2章 スマートフォンを使ってみよう

60 できる

文字を削除したい！

A タップして、カーソルを移動して、削除します

入力した文字を間違えてしまい、文字を削除したいときは、⌫キーをタップすると、カーソルの左側にある文字を削除することができます。文章の途中の文字を削除したいときは、削除したい位置をタップして、カーソルを移動し、⌫キーをタップします。

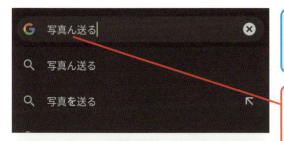

ここでは間違って入力した「ん」を削除します

❶「ん」と「送」の間をタップします

カーソルが移動しました

❷ ⌫ をタップします

テンキーの左右にある ◀ や ▶ をタップしてもカーソルを移動できます

文字を削除できました

スマートフォンの「困った！」に答える**Q&A**

Q もっと早く文字を入力したい！

A 慣れは必要ですが、「フリック入力」を使うと、すばやく入力できます

日本語かなのテンキーで利用できる「フリック入力」は、少ないタップで文字を入力できます。五十音の各行のキーを上下左右にフリックすることで、各段のかなを入力できます。左から時計回りに「イ段」「ウ段」「エ段」「オ段」の順に割り当てられています。

ソフトウェアキーボードをテンキーに切り替えておきます

● 文字の割り当ての例

あには、「い」「う」「え」「お」の文字が割り当てられています

あを下にフリックします

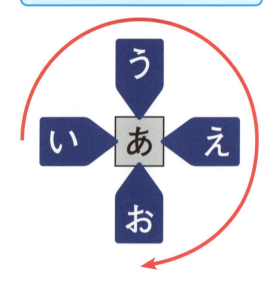

「お」と入力されます

Q 文字のコピーや貼り付けはできるの？

A ダブルタップやロングタッチで文字を選択すれば、コピーや貼り付けができます

メモやメール、Webページなど表示されている文字は、範囲を指定してコピーし、ほかのアプリに貼り付けられます。アプリによって、操作が違いますが、コピーしたい文字をダブルタップするか、ロングタッチすると、範囲が設定されます。左右の境界線をコピーしたい位置までドラッグして、表示されているボタンやポップアップから［コピー］を選びます。続いて、貼り付けたい場所をロングタッチして、表示されたボタンやポップアップから［貼り付け］を選びます。

ここではWebページの文字をコピーします

❶文字をダブルタップします

❷ ● と ● を左右にドラッグして「写真」を選択します

❸ コピーをタップします

❹貼り付ける位置をロングタッチして、カーソル（|）を表示します

❺ 貼り付けをタップします

スマートフォンの「困った！」に答えるQ&A

 音声で入力できるって本当？

 ソフトウェアキーボードで音声入力が使えます

文字を入力するとき、スマートフォンのマイクから音声で入力できます。以下のように、ソフトウェアキーボードの🎤をタップして、スマートフォンのマイクに向かって話すと、音声が認識され、文字が入力できます。はじめて起動したときは確認画面が表示されますが、以後はすぐに音声で入力できます。

❶ 🎤をタップ👆します

検索結果が表示されました

❷ スマートフォンに向かって検索キーワードを読み上げます

第2章 スマートフォンを使ってみよう

64 できる

第**3**章

スマートフォンを使いやすく設定しよう

スマートフォンにはいろいろな機能が用意されていて、使う人の好みや利用するスタイルに合わせて、設定を変更できます。自分が使いやすいように、それぞれの機能を設定してみましょう。他人に使われないようにするためのロックをはじめ、マナーモードやWi-Fiなど、便利に使うための設定についても解説します。

この章の内容

⑮	知っておきたい基本設定を理解しよう	66
⑯	［設定］の画面を表示しよう	68
⑰	Googleアカウントを新たに設定しよう	72
⑱	すでに持っているアカウントを設定しよう	80
⑲	他人に使われないようにロックをかけよう	84
⑳	マナーモードに切り替えよう	90
㉑	Wi-Fiに接続しよう	92
㉒	Wi-Fiのオン／オフを切り替えよう	96
㉓	指紋センサーでロックを解除しよう	98
	スマートフォンの「困った！」に答える**Q&A**	102

◆この章を学ぶ前に◆

レッスン 15 知っておきたい基本設定を理解しよう

スマートフォンを使っていくうえで、知っておきたい基本設定があります。この章ではGoogleアカウントや安心して使うための設定などを解説します。

スマートフォンに欠かせないGoogleアカウント

本書で解説しているスマートフォンは、「Android（アンドロイド）」と呼ばれるプラットフォームを採用し、Gmailやカレンダー、地図などのアプリが標準で搭載されています。これらを利用するために必要なのが「Googleアカウント」です。Googleアカウントを作成すると、Gmailのメールアドレスが発行され、Googleが提供する多くのアプリが無料で利用できるようになります。また、アプリや電子書籍、映画などをダウンロードできる「Playストア」をはじめ、動画サービス「YouTube」やオンラインストレージの「Googleドライブ」などが利用できます。

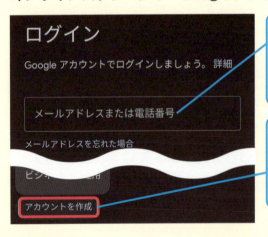

すでに持っているGoogleアカウントを設定できます
→レッスン⓲

新たにGoogleアカウントを取得して設定できます
→レッスン⓱

ヒント

Gmailのメールアドレスがあれば、そのまま使える

スマートフォンを利用するには、Googleアカウントが必要ですが、すでにパソコンなどでGmailを利用しているときは、新たにGoogleアカウントを作成しなくてもそのGmailのメールアドレスをGoogleアカウントとして利用できます。

安心して使えるようにしよう

スマートフォンにはメールや写真など、さまざまな情報が保存されます。万が一、スマートフォンを紛失したとき、見知らぬ人に保存されている情報を見られないように、画面ロックを設定したり、指紋認証でロックをかけることができます。

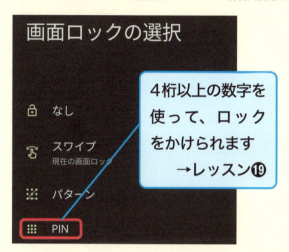

4桁以上の数字を使って、ロックをかけられます
→レッスン⓳

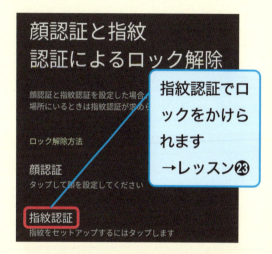

指紋認証でロックをかけられます
→レッスン㉓

普段の利用に欠かせない設定を覚えよう

スマートフォンは利用するシーンや場所に応じて、設定を変更することがあります。着信音や通知音が鳴らないようにマナーモードに設定したり、自宅などで利用するときにWi-Fiに接続できるように設定します。

マナーモードに設定できます
→レッスン⓴

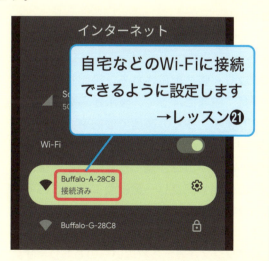

自宅などのWi-Fiに接続できるように設定します
→レッスン㉑

[設定]の画面を表示しよう

キーワード 🔑 [設定]の画面

スマートフォンのさまざまな機能は[設定]の画面で設定します。ホーム画面からアプリ一覧を表示し、[設定]のアイコンをタップすると、表示されます。

操作はこれだけ　タップ ➡20ページ 　スワイプ ➡21ページ

アプリの一覧から表示

① アプリ一覧から[設定]の画面を表示します

レッスン❾(38ページ)を参考に、アプリ一覧を表示しておきます

[設定] ⚙ をタップ 👆 します

ヒント

[設定]のアイコンを検索できる

アプリ一覧に表示される[設定]のアイコンは、機種によって、表示が異なることがあります。多くの機種では歯車や工具などを使ったアイコンで表現されています。[設定]のアイコンが見つからないときは、ホーム画面やアプリ一覧画面に表示されている検索ボックスに「設定」と入力して、検索することもできます。機種によっては検索ボックスが表示されないものもあります。

検索ボックスに「設定」と入力して検索できます

② アプリ一覧から［設定］の画面が表示されました

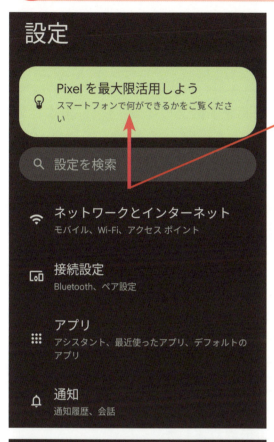

スマートフォンの設定の変更や設定内容の確認ができます

画面を上にスワイプします

［設定］の画面の続きが表示されました

> **ヒント**
>
> **設定の項目をひと通り確認しておこう**
>
> ［設定］の画面に表示される項目は、機種によって、異なることがあります。ほとんどの項目は同じですが、項目名が違ったり、独自の項目が表示される機種もあります。上下にスワイプして、どのような項目があるのかを確認してみましょう。

通知パネルから表示

レッスン⑩（40ページ）を参考に、通知パネルを表示しておきます

❶画面を下にスワイプします

> **ヒント**
>
> **続きを表示しなくても［設定］のアイコンが表示される機種もある**
>
> ここでは通知パネルを表示し、続きを表示すると、［設定］の画面を表示するアイコンが選べますが、機種によっては通知パネルにアイコンが表示されることがあります。

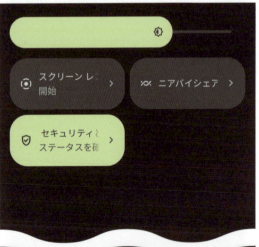

クイック設定の続きが表示されました

❷ ⚙ をタップします

［設定］の画面が表示されます

ヒント

設定を検索できる

手順2の［設定］の画面には、［ネットワークとインターネット］や［バッテリー］などの項目が表示されています。項目の名称や区分は、機種によって違うことがありますが、［設定］の画面は何度も利用するので、自分の使う機種の表示内容を確認しておきましょう。また、［設定］の画面の上段に表示されている検索ボックスに、「着信音」のように文字を入力して、設定する項目を検索することもできます。

［設定］の画面を表示しておきます

❶ 設定を検索 をタップします

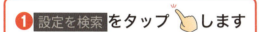

検索画面が表示されました

❷「ジェスチャー」と入力します

「ジェスチャー」を含む設定項目が表示されました

Googleアカウントを新たに設定しよう

キーワード　Googleアカウント

スマートフォンのいろいろな機能を利用するには、「Googleアカウント」と呼ばれるユーザーIDを作成し、スマートフォンに設定します。

操作はこれだけ　タップ ➡20ページ　スワイプ ➡21ページ

1　[パスワードとアカウント] の画面を表示します

レッスン⓰（68ページ）を参考に、[設定]の画面を表示しておきます

画面を上にスワイプして、をタップ　します

ヒント

見つからないときは「アカウント」で検索してみよう

手順1の画面に「パスワードとアカウント」の項目が見つからないときは、前ページのヒントを参考に、「アカウント」などのキーワードで検索してみましょう。項目が「アカウントとバックアップ」や「アカウントと同期」のように表記されている機種もあります。

② Googleアカウントを選択します

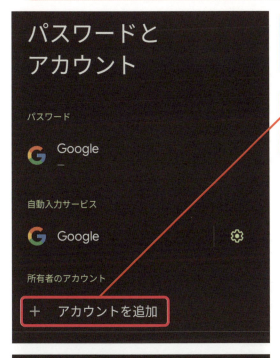

[パスワードとアカウント]の画面が表示されました

❶ アカウントを追加 を タップします

❷ 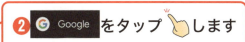 をタップします

> **間違った場合は？** 手順2の2枚目の画面で[Exchange]などをタップしたときは、バックキー（戻るキー）などで前の画面に戻り、[Google]を選び直してください。

ヒント

[Google]でアカウントを追加します

ここでは[Google]をタップしていますが、Googleアカウントは新たに取得するだけでなく、すでにGmailなどで取得済みのGoogleアカウントも設定できます。詳しくはレッスン⓲で解説します。また、[アカウントの追加]の画面では、ほかのアカウントも追加できますが、スマートフォンの各機能を利用できるようにするため、まずはGoogleアカウントを設定しましょう。

次のページに続く ▶▶▶　できる | 73

③ Googleアカウントの作成をはじめます

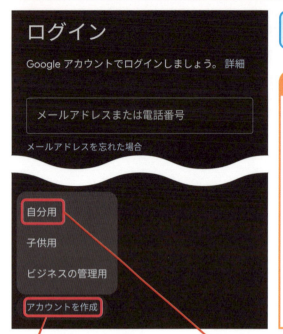

[ログイン]の画面が表示されました

ヒント

機種変更などでGoogleアカウントを移行するときは

これまでほかのスマートフォンでGoogleアカウントを利用していたり、すでにGmailのメールアドレスを取得済みのときは、手順3の画面の[メールアドレスまたは電話番号]をタップして、メールアドレスを入力します。続いて表示される画面の指示に従って、パスワードを入力し、手順を進めます。

❶ アカウントを作成 を タップします

❷ 自分用 をタップします

④ 名字と名前を入力します

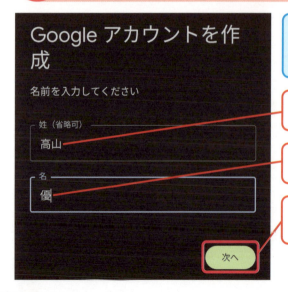

Gmailで差出人として表示される名前を入力します

❶ 名字を入力します

❷ 名前を入力します

❸ 次へ をタップします

⑤ 生年月日と性別を入力します

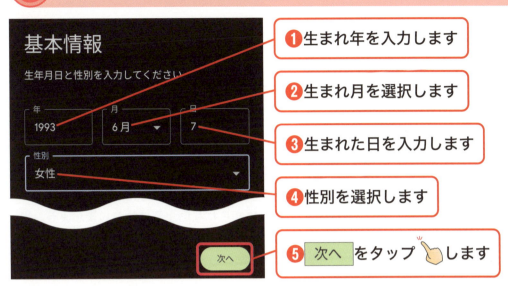

❶ 生まれ年を入力します
❷ 生まれ月を選択します
❸ 生まれた日を入力します
❹ 性別を選択します
❺ 次へ をタップします

⑥ Gmailのメールアドレスを入力します

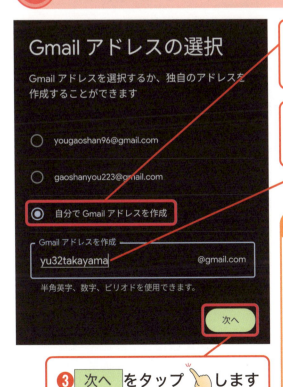

❶ 自分でGmailアドレスを作成 をタップします

❷ 希望するメールアドレスを6文字から30文字以内で入力します

❸ 次へ をタップします

ヒント

「既に使用されています」と表示されたときは

手順6で「自分でGmailアドレスを作成」に希望するメールアドレスを入力後、「このユーザー名は既に使用されています。」と表示されたときは、ほかのユーザー名を入力します。表示されている候補を選ぶこともできます。

7 Googleアカウントのパスワードを入力します

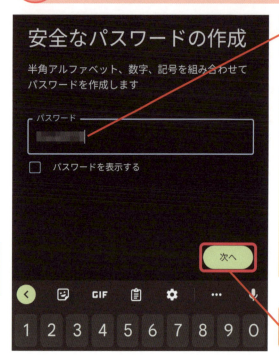

❶設定するパスワードを入力します

ヒント
パスワードには注意しよう

手順7ではパスワードを設定していますが、パスワードを忘れないようにするだけでなく、他人に知られないように注意しましょう。複数のサービスで同じパスワードを使い回すことも危険なので、避けましょう。

❷ 次へ をタップします

8 Googleアカウントに電話番号を追加します

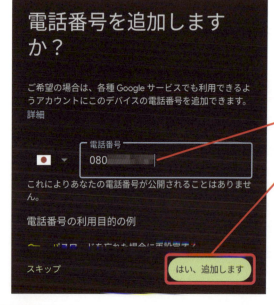

Googleアカウントに電話番号を追加するかを確認する画面が表示されました

❶電話番号を入力します

❷ はい、追加します をタップします

SMSでコードが届き、自動的に電話番号が追加される

ヒント

電話番号を追加する必要はあるの？

手順8では［ロボットによる操作でないことを証明します］の画面で、SIMカードから読み込まれた電話番号が表示されることがあります。［次へ］をタップすると、SMSが受信され、「電話番号を追加しますか？」の画面が表示されます。［はい、追加します］をタップすると、Googleアカウントに電話番号を登録されます。電話番号はパスワードを忘れてしまい、再設定するときなどに、本人確認に利用します。

⑨ Googleアカウントの追加を実行します

Googleアカウントの追加を確認する画面が表示されました

次へ をタップします

次のページに続く ▶▶▶

❿ 利用規約に同意します

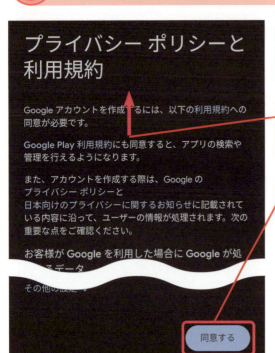

利用規約を確認する画面が表示されました

❶画面を上にスワイプして、画面の続きを表示します

❷ 同意する をタップします

⓫ Googleサービスの設定を確認します

Googleアカウントの情報をバックアップするかどうかを設定します

ヒント
どんな情報がバックアップされるの？

手順11と手順12で設定するバックアップでは、スマートフォンに設定された内容やアプリのデータ、Wi-FiのパスワードなどがGoogleアカウントに保存されます。

もっと見る をタップします

⑫ Googleサービスの設定に同意します

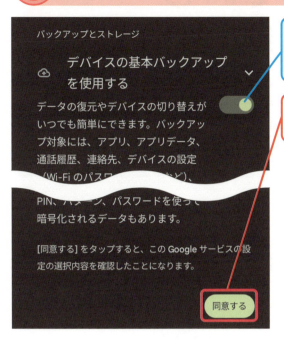

ここではバックアップの設定を有効にしたまま、操作を進めます

[同意する]をタップします

⑬ Googleアカウントが設定されました

Googleアカウントが作成され、[アカウント]に「Google」と表示されました

レッスン 18 すでに持っているアカウントを設定しよう

キーワード🔑 Googleアカウントの追加

Gmailを利用していたり、ほかのスマートフォンでGoogleアカウントを利用していたときは、そのGoogleアカウントをスマートフォンに設定することができます。

操作はこれだけ

タップ
➡20ページ

1 Googleアカウントの追加を開始します

レッスン⓱（72ページ）の手順2の画面を表示しておきます

❶ アカウントを追加 をタップ👆します

❷ Google をタップ👆します

ヒント

複数のGoogleアカウントを設定できる

スマートフォンには複数のGoogleアカウントを設定できます。Gmailやカレンダーなどは、Googleアカウントを切り替えながら、使うことができます。

❷ メールアドレスとパスワードを入力します

❶ メールアドレスを入力します

❷ 次へ をタップ 👆 します

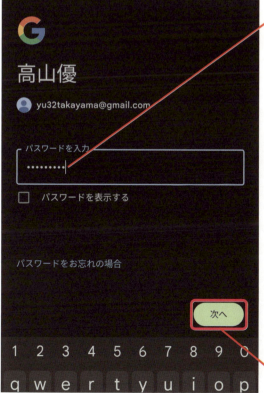

❸ パスワードを入力します

ヒント

パスワードがわからないときは

手順2でパスワードがわからないときは、「パスワードをお忘れの場合」をタップして、画面に表示された手順に従って、操作します。覚えている古いパスワードを入力して、質問に答えることで、パスワードを再設定できることがあります。ほかのメールアドレスや携帯電話番号などを登録しているときは、確認コードなどを受信して、パスワードを再設定できます。

❹ 次へ をタップ 👆 します

次のページに続く ▶▶▶ できる | 81

③ 利用規約に同意します

同意する をタップします

ヒント

電話番号の登録画面が表示されたときは

Googleアカウントでログインしたとき、右の画面のように、電話番号の追加を促されることがあります。Googleアカウントにスマートフォンの電話番号を登録しておくと、パソコンやタブレットなど、ほかの機器でGoogleアカウントにログインするとき、セキュリティ保護のための認証が求められます。登録した電話番号はほかのユーザーに公開されないので、登録しておくといいでしょう。

電話番号を登録できます

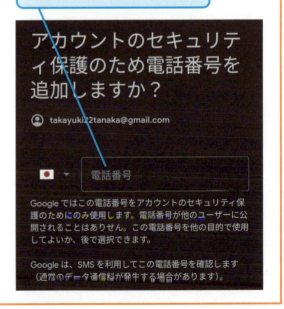

④ 連携するGoogleサービスの設定をします

18

Googleアカウントの追加

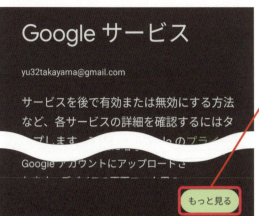

❶ もっと見る をタップします

❷ 同意する をタップします

すでに持っているGoogleアカウントが追加されました

▶▶▶ 終わり

レッスン 19 他人に使われないようにロックをかけよう

キーワード セキュリティロック

スマートフォンを紛失したり、置き忘れたとき、誰かに使われないように、ロックをかけましょう。スリープからの復帰や電源投入時に、PINの入力などが求められます。

| 操作はこれだけ | タップ ➡20ページ |

セキュリティロックの設定

1 ［セキュリティとプライバシー］の画面を表示します

レッスン⓰（68ページ）を参考に、［設定］の画面を表示しておきます

［セキュリティとプライバシー］をタップします

ヒント

［セキュリティ］や［パスワードとセキュリティ］と表示される機種もある

手順1で選んでいる［セキュリティとプライバシー］は、［セキュリティ］や［パスワードとセキュリティ］などと表記される機種もあります。レッスン⓰のヒントを参考に、［画面ロック］を検索してもかまいません。

第3章 スマートフォンを使いやすく設定しよう

❷ [画面ロック]の画面を表示します

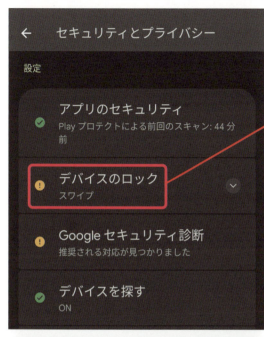

[セキュリティとプライバシー]の画面が表示されました

❶ デバイスのロック をタップします

セキュリティロックの設定画面が表示されました

❷ 画面ロック をタップします

> **間違った場合は？** 手順1や手順2で、ほかの項目を選んでしまったときは、バックキー（戻るキー）などで前の画面に戻り、手順をやり直しましょう。

③ ロックの解除方法を選択します

セキュリティロックを解除する方法を選択します

ここでは数字でロックをかけるPINを設定します

PIN をタップします

ヒント
セキュリティロックにはどんな種類があるの？

スマートフォンのセキュリティロックには、手順3で表示されているように、いくつかの種類があります。現在、広く利用されているのは「PIN（暗証番号）」で、4桁や6桁の数字を登録します。「パスワード」は英数字による文字列を使います。「パターン」も選べますが、現在は利用が推奨されていません。機種によっては、これらのセキュリティロックと組み合わせる形で、「指紋認証」や「顔認証」などが利用できます。

4 PINを入力します

ここでは6桁の数字を入力します

6桁の数字を入力します

ヒント
類推されやすいPINは避けよう

手順4ではPINを設定しています。ほとんどのスマートフォンでは4桁の数字を設定しますが、自分の誕生日など、他人に類推されやすい数字を設定することは避けましょう。また、ほかの重要な暗証番号などを使い回すこともやめましょう。

5 もう一度、PINを入力します

手順4で入力した6桁の数字を入力します

次のページに続く ▶▶▶ できる | 87

セキュリティロック

19

6 ロック画面に表示される通知を設定します

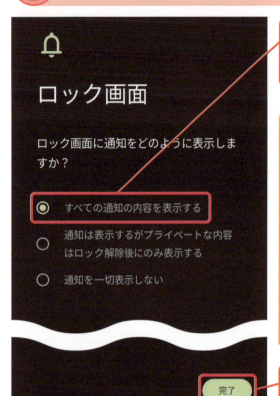

❶ [すべての通知の内容を表示する] をタップ します

ヒント

ロック画面に表示される通知はどれを選べばいいの?

手順6ではロック画面に表示される通知を設定します。ここでは [すべての通知の内容を表示する] を選んでいますが、他人に通知が見えてしまうことが気になるときは、「通知は表示するがプライベートな内容はロック解除後にのみ表示する」を選びましょう。

❷ 完了 をタップ します

[画面ロック] に [PIN] と表示され、設定が完了しました

セキュリティロックの解除

1 PINを入力します

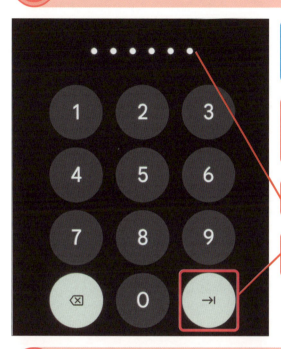

あらかじめスマートフォンをスリープにしておきます

❶ レッスン❼（30ページ）を参考に、スリープを解除します

❷ 設定したPINを入力します

❸ →| をタップします

2 セキュリティロックが解除されました

スマートフォンの操作画面が表示されました

ヒント
指紋認証が利用できる機種もある

画面ロックを解除するために、その都度、PINを入力するのは面倒ですが、スマートフォンに指紋認証や顔認証の機能が搭載されていれば、指紋センサーに指先を触れるだけで、ロックを解除できます。詳しくはレッスン㉓で解説します。

マナーモードに切り替えよう

キーワード / マナーモード

着信音や通知音を鳴らしたくないときは、マナーモードを利用します。マナーモードでは音を鳴らさない代わりに、本体の振動などで着信や通知を知らせてくれます。

操作はこれだけ

タップ
➡20ページ

1 音量のスライダーを表示します

レッスン❼（30ページ）を参考に、ロックを解除しておきます

ヒント

音量キーの長押しでも設定できる

ここでは音量キーを短く押して、表示されたスライダーを操作していますが、音量キーを長押しして、マナーモードに切り替えられる機種もあります。通知パネルを表示したときのクイック設定のボタンから操作できる機種もあります。

音量キーの下方向を短く押します

第3章 スマートフォンを使いやすく設定しよう

② マナーモードに切り替えます

20

マナーモード

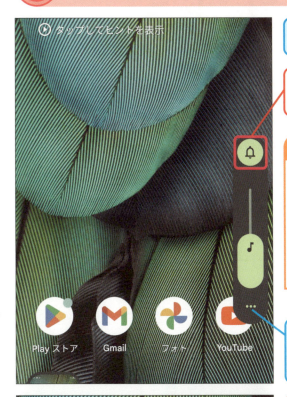

音量のスライダーが表示されました

❶ 🔔 をタップ👆します

ヒント
サイレントは振動もしない

手順2の下の画面で表示されているアイコンのうち、🔕を選ぶと、サイレントモードになり、音が鳴らないだけでなく、振動もしません。

ここをタップすると、音量の詳細を設定する画面が表示されます

❷ 📳 をタップ👆します

ヒント
マナーモードなのに音が鳴るときは？

マナーモードに設定しても動画やゲームなどで音が鳴ることがあります。動画やゲームの音が鳴っているとき、音量ボタンを押して表示される音量のスライダーの •••をタップします。［音］や［サウンドとバイブレーション］の画面が表示されるので、［メディアの音量］を調整しましょう。

▶▶▶ 🏁 終わり

Wi-Fiに接続しよう

キーワード　Wi-Fiの設定

自宅などの無線LANアクセスポイント（Wi-Fi）に接続するには、SSID（Wi-Fiネットワーク名）や暗号化キー（パスワード）などの情報をスマートフォンに入力します。

操作はこれだけ　タップ ➡20ページ

第3章 スマートフォンを使いやすく設定しよう

1 無線LANアクセスポイントの情報を確認します

◆ SSID（Wi-Fi ネットワーク名）

◆ 暗号化キー
無線 LAN アクセスポイントなどに接続するためのパスワードです

SSIDと暗号化キーを確認します

ヒント

SSIDや暗号化キーはどこに書いてある？

多くの無線LANアクセスポイントでは、上の写真のように、本体の側面にSSIDや暗号化キーが記載されたシールが貼られています。Wi-Fiに接続する操作をはじめる前に確認しておきましょう。見つからないときは製品の取扱説明書を確認してみましょう。

❷ [Wi-Fi]の画面を表示します

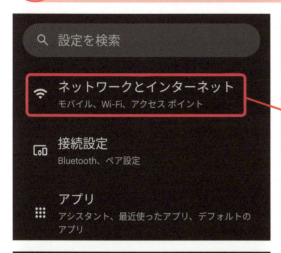

レッスン⓰(68ページ)を参考に、[設定]の画面を表示しておきます

❶ ネットワークとインターネット をタップします

[設定]の画面の[接続]-[Wi-Fi]や[Wi-Fi]で設定する機種もあります

[ネットワークとインターネット]の画面が表示されました

❷ インターネット をタップします

ヒント

QRコードを読み取って、Wi-Fiに接続できる

パッケージに同梱されたQRコードをスマートフォンのカメラで読み取ると、Wi-Fiに接続できる製品もあります。スマートフォンのカメラでQRコードを読み取ることもできますが、手順4の画面の下段にある[ネットワークを追加]の右側にあるアイコンをタップすると、カメラが起動し、Wi-FiのためのQRコードの読み取りカメラが起動します。読み取りのアイコンが画面右上に表示される機種もあります。

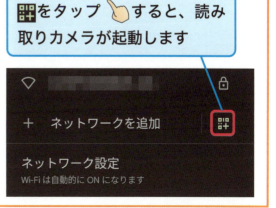

をタップすると、読み取りカメラが起動します

③ Wi-Fiをオンにします

接続の設定をするために、Wi-Fiをオンに切り替えます

をタップします

④ 接続する無線LANアクセスポイントを選択します

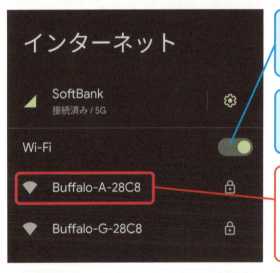

に切り替わり、Wi-Fiがオンになりました

接続できる無線LANアクセスポイントの一覧が表示されました

自宅の無線LANアクセスポイントなど、接続する無線LANアクセスポイントをタップします

ヒント

暗号化キーが無線LANアクセスポイントに記載されていないときは

暗号化キーが本体に記載されていないときは、無線LAN機器の取扱説明書や設定情報が記載されたセットアップカードなどに書かれていないかを確認してみましょう。

5 暗号化キー（パスワード）を入力します

接続する無線LANアクセスポイントの暗号化キーを入力します

❶ 暗号化キーを入力します

❷ ［接続］をタップします

ヒント

入力した暗号化キーを確認できる

手順5で入力した暗号化キーは、［パスワードを表示する］にチェックマークを付けると、右の画面のように表示されます。機種によっては、目のアイコンをタップすると、表示されます。入力した暗号化キーが間違っていないかを確認したうえで、［接続］をタップしましょう。

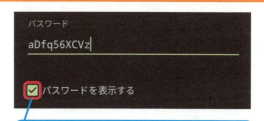

ここにチェックマークを付けると、暗号化キーを表示できます

Wi-Fiに接続され、ステータスバーにアイコンが表示されました

Wi-Fiのオン／オフを切り替えよう

レッスン 22

キーワード　Wi-Fiのオン／オフ

スマートフォンのWi-Fiは、［設定］の画面を表示しなくても通知パネルで簡単にオン／オフを切り替えられます。Wi-Fiの電波が弱く、一時的にオフにしたいときに便利です。

操作はこれだけ　タップ ➡20ページ

1 ［インターネット］の画面を表示します

レッスン❿（40ページ）を参考に、通知パネルを表示しておきます

［インターネット］をタップします

ヒント

通知パネルはカスタマイズできる

手順1で表示した通知パネルは、ペンのアイコンをタップしたり、［…］からメニューを表示し、［ボタンを編集］を選ぶと、項目を並べ替えたり、項目の追加や削除ができます。通知パネルが複数のページで表示されているときは、よく使う項目を最初のページに登録しておくと、便利です。詳しくはレッスン❻❹で解説しています。

② Wi-Fiをオフにします

をタップ👆します

もう一度、■をタップ👆すると
Wi-Fiがオンになります

ヒント
通知パネルの続きを表示できる

手順1で表示した通知パネルは、左にスワイプすると、続きのページを表示できることがあります。右にスワイプすると、元のページを表示できます。クイック設定で［機内モード］や［テザリング］など、よく利用する機能をワンタップでオン／オフできるので、クイック設定にどのような項目があるのかを確認しておきましょう。

ヒント
Wi-Fiのオン／オフは切り替えたほうがいいの？

スマートフォンではWi-Fiに接続していないとき、Wi-Fiをオフにすると、電力消費を抑えられると言われてきましたが、最近の機種は省電力機能により、電波状態や通信状況に応じて、Wi-Fiなどの機能を制御しています。機種によっては、在宅時と移動中で、Wi-Fiを自動的に切り替える機能も用意されています。電力消費を抑えるためのWi-Fiの切り替えには、あまり神経質になる必要はありません。

指紋センサーでロックを解除しよう

キーワード 指紋認証

指紋認証センサーを搭載したスマートフォンでは、登録した指を当てると、画面ロックを解除できます。画面ロックを解除するたびに、PINなどを入力する必要がありません。

操作はこれだけ　タップ ➡ 20ページ

1 ロック解除の設定を開始します

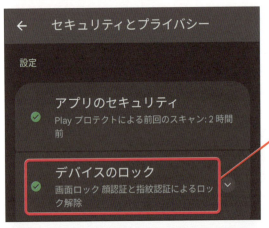

レッスン⓳（84ページ）を参考に、[セキュリティとプライバシー] の画面を表示しておきます

❶ [デバイスのロック] をタップします

❷ [顔認証と指紋認証によるロック解除] をタップします

ヒント
指紋センサーはどこにあるの？

指紋認証センサーの位置は機種によって、違います。ディスプレイに内蔵した機種をはじめ、電源ボタンに内蔵した機種、背面や側面に搭載した機種などがあります。

> **ヒント**
>
> ### 指紋の登録にはPINやパスワードの設定が必要
>
> 指紋によるロック解除を設定するには、PINやパスワードの設定が必要です。設定済みのときは手順2の操作1の画面が表示されますが、未設定のときは「画面ロックの選択」の画面が表示されます。レッスン⓳を参考に、PINやパスワードを設定しましょう。

② 指紋認証の設定画面を表示します

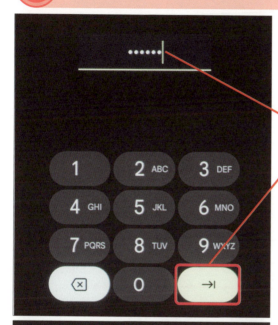

あらかじめ、レッスン⓳（84ページ）を参考に、PINを設定しておきます

❶ 設定したPINを入力します

❷ →| をタップします

> **ヒント**
>
> ### どうしてPINやパスワードを設定するの？
>
> PINやパスワードは指を怪我したときや正しく反応しないときなどのために設定します。PINやパスワードを忘れると、初期化しなければならないので、注意しましょう。

ロック解除方法を選択する画面が表示されました

❸ 指紋認証 をタップします

次のページに続く ▶▶▶

③ 指紋の登録を開始します

指紋の登録に関する説明が表示されました

❶ もっと見る をタップします

❷ 同意する をタップします

ヒント

複数の指紋を登録しておくと便利

スマートフォンの指紋認証には、複数の指紋を登録しておくことができます。両手の親指や人さし指など、よく使う指の指紋を登録しておきましょう。万が一、指を怪我したときにも複数の指紋が登録してあると、怪我をしていない指で認証できます。

4 続けて指紋認証センサーに指を当てます

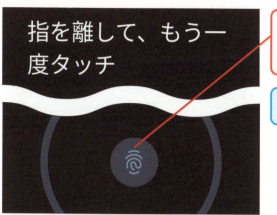

❶位置を変えながら、指紋認証センサーに指をくり返し当てます

認識された部分が画面に表示されます

「毎回、指を置く位置を少し変えてください」と表示されました

❷指紋認証センサーに指の先端や側面を当てます

5 指紋の登録が完了しました

指紋の登録が完了し、「登録に成功しました」と表示されました

完了 をタップします

スマートフォンの「困った！」に答える Q&A

Q 画面の明るさや点灯時間を調整できないの？

A ［画面の明るさ］や［ディスプレイ］などで設定しましょう

現在、販売されているスマートフォンは、周囲の明るさに合わせて、画面の明るさが自動的に調整される機能を搭載しています。画面を明るくしたいときは、通知パネルのクイック設定にあるスライダーを以下のようにドラッグします。スライダーの右に表示されている［自動］にチェックマークを外すと、明るさの自動調整をオフにできますが、画面を明るくすると、電力消費が増えるので、通常は明るさを自動調整する設定で使うことをおすすめします。また、スマートフォンは一定時間、操作しないと、省電力のため、画面が暗くなります。暗くなるまでの時間は［設定］の画面の［ディスプレイ］の［スリープ］や［画面消灯］、［画面のタイムアウト］などで設定します。

レッスン⓰（70ページ）を参考に、クイック設定の続きを表示しておきます

を左右にドラッグします

画面の明るさが変わります

文字の大きさを変えたい！

A 文字やアイコンを大きく表示して、見やすくできます

スマートフォンに表示されている文字やアイコンは、好みに応じて、サイズを変更できます。［設定］の画面の［ディスプレイ］を選び、［表示サイズとテキスト］や［文字サイズとフォントスタイル］、［フォントサイズ］、［表示サイズ］などの項目で設定します。ほとんどの機種では、文字サイズとアイコンのサイズを個別に設定できます。

レッスン⓰（68ページ）を参考に、［設定］の画面を表示しておきます

❶ ディスプレイ をタップします

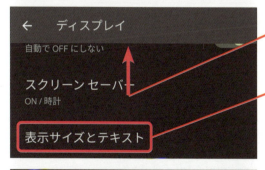

❷ 画面をを上にスワイプします

❸ 表示サイズとテキスト をタップします

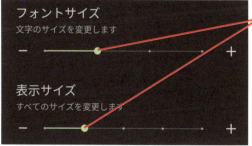

❹ ◯ を左右にドラッグして文字の大きさを調整します

スマートフォンの「困った！」に答える Q&A

 電波を一時的にオフにしたい

 ［機内モード］に切り替えましょう

航空機への搭乗時や医療機関など、携帯電話の電波を発することができない場所では、通知パネルの［機内モード］のクイック設定をタップして、有効に切り替えます。機内モードに切り替えると、Wi-FiやBluetooth、モバイルデータ通信などがすべてオフになり、アンテナのアイコンが飛行機に変更されます。航空機内でWi-FiやBluetoothを利用するときは、通知パネルの［Wi-Fi］や［Bluetooth］をタップして、有効に切り替えます。機内モードを解除したいときは、もう一度、通知パネルで［機内モード］をタップします。

レッスン⓰（70ページ）を参考に、クイック設定の続きを表示しておきます

✈をタップ 👆 します

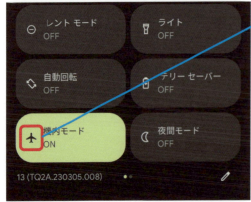

機内モードに切り替わり、アイコンが✈に変わりました

画面が回転しないようにしたい

 ［自動回転］をオフにします

スマートフォンは本体の向きに合わせ、画面が自動的に回転させることができます。画面の回転を止めたいときは、通知パネルを表示して、クイック設定の［自動回転］をタップして、オフに切り替えます。通知パネルにクイック設定が表示されていないときは、［設定］の画面で［ディスプレイ］を選び、［画面の自動回転］でオフにできます。

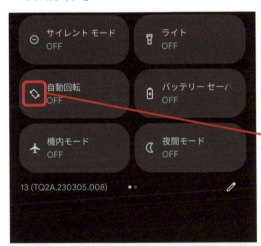

レッスン⓰（70ページ）を参考に、クイック設定の続きを表示しておきます

 をタップします

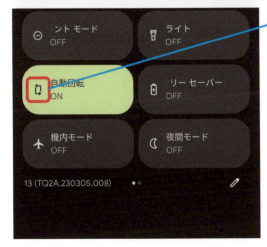

画面が回転しなくなり、アイコンが に変わりました

もう一度、 をタップすると、画面が回転するようになります

スマートフォンの「困った！」に答える**Q&A**

 スマートフォンの動きが止まってしまった！

A 電源キーなどを長押しして、強制終了します

スマートフォンを使っていて、まったく操作を受け付けなくなったときは、電源キーを10秒程度、長押しすると、本体を強制的に終了できます。機種によっては、電源キーの30秒以上の長押し、電源キーと音量キーの上方向を8秒以上の長押し、電源キーと音量キーの下方向を7秒以上の長押しで、強制終了ができます。強制終了をしてもスマートフォンが壊れたり、保存されているデータが失われることは、ほぼありませんが、万が一のときに備え、写真などの大切なデータは、パソコンやGoogleフォトなどに保存しておくことをおすすめします。

 ソフトウェア更新はしたほうがいいの？

A 早めにソフトウェア更新を実行しましょう

スマートフォンを使っていると、通知パネルに「ソフトウェア更新の準備ができました」などの通知が表示されることがあります。これはスマートフォン本体を修正するソフトウェアが準備できたことを通知しています。通常、ソフトウェア更新は数分で終了しますが、その間は操作ができないので、時間に余裕のあるときに実行します。ソフトウェア更新では新たに機能が追加されたり、セキュリティ上の不具合などが修正されるので、必ず実行しておきましょう。ソフトウェア更新の有無は［設定］の画面で、［システム］-［システムアップデート］の順に選んだり、［ソフトウェア更新］や［システムアップデート］などの項目から確認することができます。

第4章

電話を使ってみよう

スマートフォンでは電話をかけたり、受けたりすることができます。よく電話をする相手を連絡先に登録しておくと、電話をかけやすくなり、友だちや家族からの着信もすぐにわかるようになります。電話の使い方の基本を確認してみましょう。

この章の
内容

㉔ 電話をかけたり受けたりしよう	108
㉕ 電話をかけよう	110
㉖ 電話を受けよう	114
㉗ 連絡先を登録しよう	116
㉘ 登録した連絡先に電話をかけよう	122
スマートフォンの「困った！」に答える**Q&A**	124

レッスン 24 電話をかけたり受けたりしよう

◆この章を学ぶ前に◆

スマートフォンでは電話をかけたり、受けたりすることができます。連絡先に友だちや家族を登録しておくと、簡単に発信でき、着信時にも相手がわかります。

電話をかける操作を覚えましょう

スマートフォンで電話をかけたり、受けたりするには、[電話] アプリを使います。[電話] アプリを起動して、相手の電話番号を入力して、発信したり、あらかじめ登録しておいた連絡先から相手を選んで、電話をかけることができます。[電話] アプリと [連絡帳]（連絡先）アプリのどちらからでも電話をかけられます。

◆[電話]アプリ

相手の電話番号を入力して電話をかけられます
→レッスン㉕

あらかじめ登録しておいた連絡先を選んで電話をかけられます
→レッスン㉘

着信を受ける操作を覚えましょう

スマートフォンに電話がかかってくると、着信の画面が表示されます。応答の操作をすると、電話に出ることができます。スマートフォンの［連絡帳］に相手の電話番号や名前が登録されていれば、着信画面には名前も表示されます。

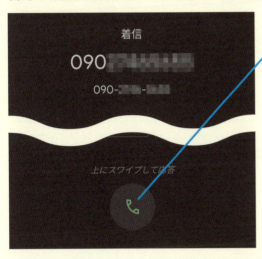

着信した通話を受けられます。操作中でも通話を受けられます
→レッスン㉖

連絡先に電話番号や名前を登録しましょう

スマートフォンには［連絡帳］（連絡先）アプリが用意されています。アドレス帳などと同様のもので、相手の名前や電話番号、メールアドレスなどを登録しておきます。よく連絡を取る家族や友だちを登録しておくと、便利です。

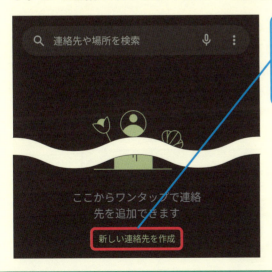

よく電話をかける相手を連絡先として登録できます
→レッスン㉗

レッスン 25 電話をかけよう

キーワード 🔑 / 電話発信

スマートフォンで電話をかけるには、[電話] アプリを使います。画面に表示されたダイヤルキーをタップして、相手の電話番号を入力し、発信します。

操作はこれだけ　タップ ➡ 20ページ

1 電話のアプリを起動します

第4章 電話を使ってみよう

ホーム画面を表示しておきます

📞 をタップします

ヒント
受話器のアイコンを間違えないようにしよう

電話をかけるにはホーム画面の [電話] アプリのアイコンをタップして起動しますが、他の通話機能を持つアプリなどが同じように受話器を模したアイコンを使っていることがあります。間違って、起動しないようにしましょう。

◆主な [電話] のアイコン例

ヒント

ホーム画面に［電話］が見当たらないときは

ほとんどの機種ではホーム画面の左下に［電話］アプリが表示されていますが、一部の機種では直前に利用したアプリが左下に表示されます。ホーム画面をカスタマイズしたときも含め、ホーム画面に［電話］アプリが見つからないときは、アプリの一覧を表示して、探してみましょう。

アプリの一覧から電話のアプリを起動できます

2 ダイヤルキーを表示します

［電話］ が起動しました

をタップします

ヒント

発着信の履歴を確認できる

手順2の画面では［履歴］を選んでいますが、スマートフォンで電話をかけたり、受けたりしたときは、発信と着信の履歴が表示されます。発着信履歴の内容については、125ページのQ&Aで解説しています。

③ 電話番号を入力します

ダイヤルキーが表示されました

ダイヤルキーをタップ して電話番号を入力します

間違った場合は？ 入力した電話番号を間違えたときは、手順3の画面にある ⊗ キーをタップして、削除してください。⊗ キーはほとんどの機種で共通です。

④ 電話をかけます

電話番号が入力されました

音声通話 をタップ します

ヒント

相手の名前が表示されることもある

手順4では相手の電話番号を入力していますが、すでに連絡先に家族や友だちの電話番号を登録していたり、各携帯電話会社の迷惑電話対策アプリなどがインストールされていると、相手の名前が画面の上部に表示されることがあります。

5 電話を切ります

をタップします

通話が終了します

ヒント
スピーカーで通話ができる

通話中、画面内の［スピーカー］をタップすると、「スピーカーに切り替えます。よろしいですか？」と表示されます。［はい］をタップすると、相手の音声をスマートフォンのスピーカーに出力して、通話ができます。ただし、通話内容が周囲に聞こえてしまうので、注意しましょう。

ヒント
メッセージの作成や連絡先の追加もできる

相手がスマートフォンや携帯電話の場合、手順4の画面で［メッセージを送信］などの項目が表示されます。入力した電話番号宛にSMS（ショートメッセージサービス）のメッセージを送信できます。SMSについてはレッスン㉚（130ページ）で解説します。

メッセージ（SMS）を送信したり、連絡先に追加できます

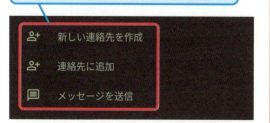

▶▶▶ 🏁 終わり　できる | 113

電話を受けよう

キーワード 電話着信

電話がかかってくると、着信中の画面に切り替わり、相手の電話番号や名前などが表示されます。受話器のアイコンを上方向にスワイプすると、着信に応答できます。

操作はこれだけ　タップ ➡20ページ　スワイプ ➡21ページ

1 電話を受けます

着信すると、相手の電話番号や連絡先に登録された相手の名前が表示されます

 を上にスワイプします

ヒント

着信音を消すには

マナーモードにしていないときに着信すると、着信音が鳴ります。音量キーを押すと、着信音が止まります。一部の機種では応答する前に、本体を裏返し、画面を下向きすると、一時的に着信音を止められます。

第4章　電話を使ってみよう

② 電話を切ります

通話が開始され、通話時間が表示されました

○をタップします

ヒント

電話に出られないときは

かかってきた電話に出られないときは、手順1の画面で[返信] をタップすると、電話に応答できない旨をメッセージで返信できます。表示された一覧から選んで、タップします。

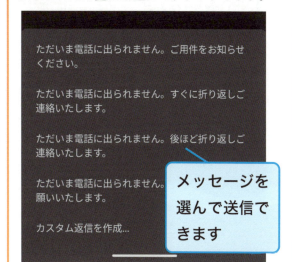

メッセージを選んで送信できます

ヒント

操作中に電話がかかってきたときは

スマートフォンを操作中に着信があると、一部の機種では画面上部から着信を知らせる画面が表示されます。受話器が斜めのアイコンをタップすると、電話に出られます。

をタップします

レッスン 27 連絡先を登録しよう

キーワード　連絡先の登録

スマートフォンの［連絡帳］アプリには、相手の名前や電話番号、メールアドレスなどを登録できます。［連絡帳］アプリから電話をかけたり、メッセージの送信ができます。

操作はこれだけ

タップ
➡20ページ

1 連絡先のアプリを起動します

レッスン㉕（110ページ）を参考に、電話のアプリを起動しておきます

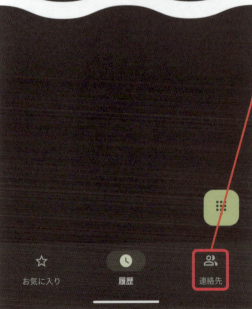

をタップします

ヒント

連絡先を検索できる

［連絡帳］アプリでは一覧から連絡先を選ぶだけでなく、画面上段の［連絡先や場所を検索］をタップして、電話番号や名前、メールアドレスの一部を入力すると、登録した連絡先を検索することができます。

ヒント

［電話帳］アプリや［連絡先］アプリもある

スマートフォンに連絡先などを登録しておくアプリは、［連絡帳］アプリだけでなく、［連絡先］アプリや［電話帳］アプリなど、携帯電話会社や端末メーカー独自の連絡先アプリが用意されていることがあります。名称などは違いますが、どのアプリでも基本的な使い方はほぼ同じです。

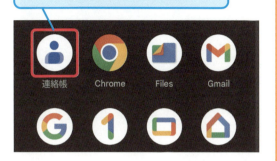

アプリの一覧から連絡先のアプリを起動できます

2 連絡先の登録画面を表示します

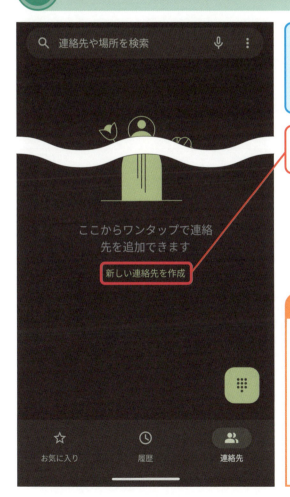

着信があると、相手の電話番号や連絡先に登録された相手の名前が表示されます

をタップします

ヒント

［＋］ボタンで追加する機種もある

［連絡帳］アプリは機種によって、デザインが異なります。ここでは［新しい連絡先を作成］をタップしていますが、［＋］ボタンをタップして、新たに連絡先を登録するアプリもあります。

③ 連絡先の保存先を選択します

連絡先をはじめて追加するときは保存先を選択します

ここでは自分のGoogleアカウントに連絡先を保存します

自分のアカウント名をタップします

ヒント

連絡先の保存先はどう違うの？

手順3では連絡先を保存するアカウントを選んでいます。Googleアカウントに保存すると、Gmailでも内容を参照できるほか、機種変更後に同じGoogleアカウントを設定すれば、簡単に引き継ぐことができます。［デバイス］や［端末］と表示された項目を選ぶと、本体に保存できますが、スマートフォン以外では参照できません。

---

④ 名前を入力します

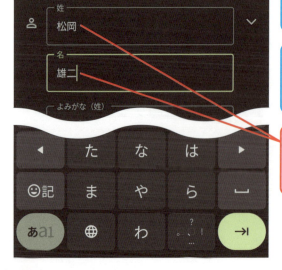

連絡先の登録画面が表示されました

それぞれの項目をタップすると、入力できます

［姓］と［名］をそれぞれタップして名前を入力します

⑤ よみがなを確認します

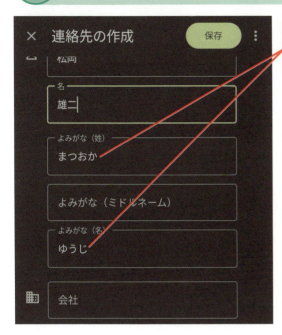

自動的に入力されたよみがなが合っているかを確認します

> **ヒント**
>
> **連絡先のよみがなは修正できる**
>
> 手順5で自動的に入力されたよみがなが間違っているときは、それぞれの項目をタップして、修正することができます。連絡先を検索するときなどに役立つので、必要に応じて、修正しておきましょう。

⑥ 電話番号を入力します

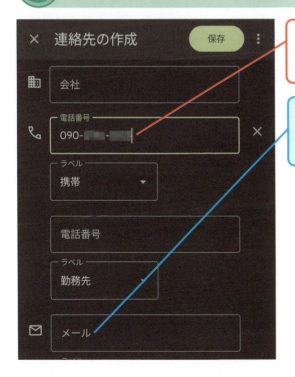

［電話番号］に電話番号を入力します

［メール］をタップすると、メールアドレスを入力できます

次のページに続く ▶▶▶

7 連絡先を保存します

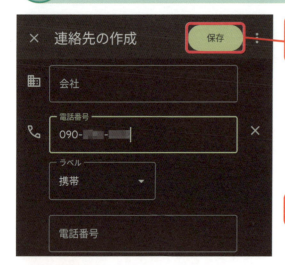

保存 をタップ します

間違った場合は？ 入力した内容を間違えたときは、修正したい項目をタップして、内容を入力し直してください。

ヒント

着信履歴から連絡先に登録できる

着信履歴に表示されている電話番号は、簡単に連絡先に登録できます。着信履歴の一覧から登録したい着信をタップして、[連絡先に追加]をタップします。118ページの手順4と同じように、連絡先の入力画面が表示されます。必要な情報を入力して、[保存]をタップすれば、連絡先として、登録されます。

レッスン㉕（110ページ）を参考に、電話のアプリを起動しておきます

❶着信履歴をタップ します

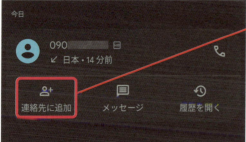

❷[連絡先に追加]をタップ します

着信した電話番号が追加された状態で手順4の画面が表示されます

8 連絡先が保存されました

手順2の画面が表示され、連絡先の一覧が表示されました

ヒント
登録済みの連絡先から電話がかかってきたときは

連絡先に登録した相手から電話がかかってくると、着信画面に登録した名前が表示されます。

ヒント
よく電話をかける連絡先はお気に入りに登録しておこう

登録した連絡先が増えてくると、連絡先の一覧から相手を見つけるのが面倒です。そのようなときは、よく電話をかける連絡先をお気に入りに登録しておくと、便利です。連絡先を表示して、画面右上の☆をタップすると、お気に入りに登録できます。お気に入りに登録すると、[連絡帳]アプリでは連絡先の一覧の先頭に表示されるほか、[電話]アプリのお気に入りにも表示されます。

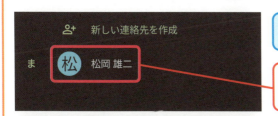

手順8の画面を表示しておきます

❶連絡先をタップします

❷☆をタップします

お気に入りに登録されます

登録した連絡先に電話をかけよう

キーワード 連絡先の利用

連絡先に登録した相手に電話をかけてみましょう。[連絡帳]アプリには連絡先が五十音順、アルファベット順に並んでいます。電話をかける相手を選んで、タップしましょう。

操作はこれだけ：タップ ➡20ページ

1 連絡先の詳細を表示します

レッスン㉕（110ページ）を参考に、電話のアプリを起動しておきます

画面を上下にドラッグ してもかまいません

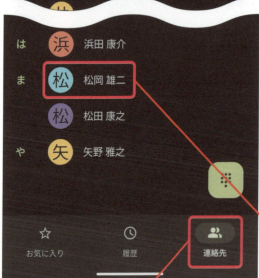

❶  をタップ します　❷連絡先をタップ します

② 連絡先に電話をかけます

連絡先の詳細が表示されました

電話番号をタップします

電話が発信されます

連絡先の利用

ヒント

SMSを送ることもできる

手順2の画面で［SMS］をタップすると、文字でメッセージを送ることができます。＋メッセージがインストールされているときは、［＋メッセージ］のアプリが起動します。詳しくはレッスン㉚（130ページ）で解説します。

をタップします

▶▶▶ 終わり できる | 123

スマートフォンの「困った！」に答えるQ&A

 不在着信から電話をかけ直すには

 不在着信はロック画面や通知で確認できます

かかってきた電話に応答できなかったときは、ロック画面や通知パネルに「不在着信・サイレントモード中」のように、不在着信が表示されます。不在着信には電話番号や登録されている連絡先が表示され、[かけ直す]をタップすると、すぐに折り返しの電話をかけられますが、登録されている相手以外のときは[電話]アプリを起動して、着信履歴で電話番号を確認したうえで、発信しましょう。見知らぬ電話番号への発信には十分な注意が必要です。

●ロック画面からの操作

❶電話番号をタップします

ロックを解除しておきます

❷ 📞 をタップします

●通知パネルからの操作

不在着信があると、ステータスバーにアイコンが表示されます

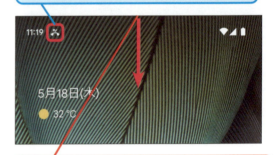

❶画面を下にスワイプします

❷ かけ直す をタップします

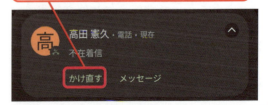

第4章 電話を使ってみよう

着信履歴を表示するには

A ［電話］アプリで切り替えて、表示できます

スマートフォンにかかってきた着信の履歴は、［電話］アプリで［履歴］をタップすると、確認できます。履歴には電話番号や登録されている連絡先が表示されますが、↙が着信、↗が発信をそれぞれ表しています。確認したい履歴をタップして、［履歴を開く］をタップすると、日時が表示されるので、いつの着信だったのかが確認できます。

レッスン㉕（110ページ）を参考に、電話のアプリを起動しておきます

❶ 🕒 をタップ👆します

発着信の履歴が表示されました

スマートフォンの「困った！」に答える Q&A

留守番電話は利用できないの？

オプションサービスを申し込む必要があります

各携帯電話会社やMVNO各社では、かかってきた電話に出られないときや電波の届かない場所にいたとき、相手のメッセージをセンターで預かる「留守番電話サービス」を提供しています。利用にはオプションサービスの申し込みが必要です。ahamoやpovo2.0、LINEMOなど、一部のサービスでは提供されていません。スマートフォンに「伝言メモ」の機能が搭載されていれば、かかってきた電話に応答できないとき、本体にメッセージを録音してもらえます。

●携帯電話会社

会社	サービス名	月額使用料
NTTドコモ	留守番電話サービス	330円
au、UQモバイル	お留守番サービスEX	330円
ソフトバンク	留守番電話プラス	330円
ワイモバイル	留守番電話サービス	無料
ワイモバイル	留守番電話プラス	330円
LINEMO	留守電パック	220円
楽天モバイル	留守番電話	無料

●その他

MVNO	サービス名	月額使用料
IIJmio	留守番電話	330円
BIGLOBE	留守番電話	330円
mineo	スマート留守電※	319円
mineo	留守番電話（タイプS）	無料
イオンモバイル	留守番電話	330円

※他社でも利用することができます

第5章

メールをしよう

家族への連絡や友だちとの会話など、メールを使ったコミュニケーションを楽しんでみましょう。スマートフォンは携帯電話同士で利用するSMS（ショートメッセージサービス）やパソコンなどでも利用されるメールなど、さまざまなメールに対応しています。いろいろな人とメッセージをやり取りすることができます。

この章の内容

29 利用できるメールの種類を知ろう	128
30 電話番号を使ってメールを送ろう	130
31 Gmailでメールを送ろう	136
32 Gmailでメールを返信しよう	140
33 写真をメールで送ろう	144
スマートフォンの「困った！」に答える Q&A	146

レッスン 29 ◆この章を学ぶ前に◆ 利用できるメールの種類を知ろう

> スマートフォンではさまざまなメールやメッセージが利用できます。Googleが提供するGmailをはじめ、携帯電話同士で利用する＋メッセージなどがあります。

利用するメールごとにアプリを使い分けます

スマートフォンでは利用するメールやメッセージのサービスによって、アプリを使い分けます。もっとも広く利用されている「Gmail」は標準でアプリが搭載されています。携帯電話番号同士でやり取りするメッセージ（SMS）は、各携帯電話会社が提供する［＋メッセージ］のアプリを使います。

◆ Gmail
Googleが提供するメールサービスの「Gmail」の送受信に使います

◆＋メッセージ
電話番号を使ってやり取りするSMS（ショートメッセージサービス）の送受信に使います

ヒント

＋メッセージは携帯電話番号で画像もやり取りできる

各携帯電話会社では従来のSMSを進化させた「＋メッセージ」というサービスが利用できます。［＋メッセージ］のアプリを使い、文字によるメッセージだけでなく、写真やスタンプなどを送ったり、グループでメッセージをやり取りできます。さまざまな企業などの公式アカウントもあります。初期設定が必要ですが、SMSと同じように、携帯電話番号のみでメッセージを送受信ができ、一部のMVNOの回線でも利用できます。

各メールに対応するアプリを理解しよう

メールの種類 （アドレスの例）	説明	使用するアプリ
SMS／＋メッセージ 例： 090-XXXX-XXXX	携帯電話番号を宛先にして、文章をやり取りできます。通常は送信に料金がかかります。＋メッセージは文字だけでなく、画像なども送受信でき、送信する相手も利用していれば、データ通信量のみで送受信できます →レッスン㉚	＋メッセージ　　メッセージ
Gmail 例：〜@gmail.com	Googleが提供するGmailを利用できます →レッスン㉛	Gmail
携帯電話会社が提供するアドレス 例： 〜@docomo.ne.jp 〜@ezweb.ne.jp 〜@au.com 〜@softbank.ne.jp 〜@ymobile.ne.jp 〜@rakumail.jp	各携帯電話会社が提供するメールサービスで、スマートフォンや携帯電話、パソコンなどとやり取りができます。文章だけでなく、写真や画像などもやり取りできます	NTTドコモ　　　au ドコモメール　auメール 楽天モバイル　ソフトバンク 楽メール　Softbankメール ワイモバイル Y!mobileメール

ヒント

プロバイダーのメールは送受信できないの？

パソコンなどでインターネットプロバイダーが提供するメールサービスを利用しているときは、同じメールアドレスを［Gmail］のアプリでメールの送受信ができます。プロバイダーのWebページなどで必要な情報を確認し、［設定］アプリの［パスワードとアカウント］-［アカウントの追加］からアカウントを追加します。プロバイダーのWebページにも設定方法が掲載されているので、確認してみましょう。

できる | 129

レッスン 30 電話番号を使ってメールを送ろう

キーワード　SMS（ショートメッセージサービス）

スマートフォンは携帯電話番号宛にSMS（メッセージ）を送信できます。相手の電話番号がわかれば、送信できるので、手軽に利用できます。

操作はこれだけ　タップ ➡20ページ 　スワイプ ➡21ページ

メッセージの送信

1 ［＋メッセージ］のアプリを起動します

 をタップします

ヒント

［＋メッセージ］アプリがインストールされていないときは

［＋メッセージ］のアプリは、NTTドコモ、au、ソフトバンクの3社が提供していて、Googleの「Playストア」からダウンロードできます。MVNOで契約している回線でも利用できます。

●NTTドコモ　●au　●ソフトバンク

第5章 メールをしよう

② メッセージの作成画面を表示します

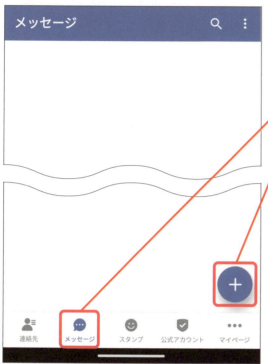

[＋メッセージ]のアプリが起動しました

❶ 💬 をタップ👆します

❷ ➕ をタップ👆します

ヒント
表示されている画面を確認しよう

手順2では[＋メッセージ]のアプリで[＋]をタップして、新しいメッセージを作成しようとしています。[＋]は[＋メッセージ]のメイン画面で表示されます。画面の最下段に「連絡先」や「メッセージ」などの項目が並び、メッセージが選択されていることを確認しましょう。いずれかのメッセージが表示しているときなどは、画面左上の ← をタップして、メイン画面に戻りましょう。

❸ 新しいメッセージ をタップ👆します

間違った場合は？ [＋]が表示されないときは、画面最下段の項目で「メッセージ」が選ばれていることを確認してください。

レッスン30 SMS（ショートメッセージサービス）

次のページに続く ▶▶▶ できる 131

③ メッセージの送信先を追加します

連絡先の一覧を上下にスワイプして、続きを表示できます

連絡先をタップします

ヒント
電話番号を入力して、送信するには

手順3では登録されている連絡先一覧から相手を選んでいますが、画面上段の［名前や電話番号を入力］をタップして、相手の携帯電話番号を入力できます。画面中段の［メッセージを入力］をタップすると、手順4のように、メッセージの本文が入力できます。

ヒント
連絡先を検索できる

手順3の画面に表示されている連絡先は、レッスン㉗で登録した連絡先が表示されています。登録されている連絡先が多いときは、画面上段の［名前や電話番号を入力］をタップして、名前を入力して、検索することができます。連絡先の右側に ↻ が表示されている相手は、＋メッセージを設定済みなので、文字だけでなく、写真やスタンプなどもやり取りできます。それ以外の相手はSMSで送信するため、文字のメッセージのみが送受信でき、1通（約70文字）あたり3.3円の送信料がかかります。

連絡先を入力します

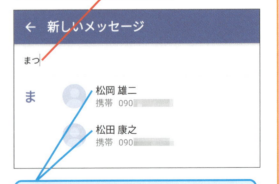

入力した文字に一致した連絡先の候補が表示されます

④ メッセージの本文を入力します

間違った場合は？ 手順3で間違った相手を選んでしまったときは、画面上段の左の ← をタップすると、手順2のメッセージの画面に戻ります。もう一度、メッセージを送りたい相手を選び直しましょう。

メッセージの本文が入力できるようになりました

メッセージの本文を入力します

SMS（ショートメッセージサービス）

ヒント

相手も＋メッセージを使っていれば、写真やスタンプが送信できる

SMSでは写真を送信することができません。写真を送信したいときは、Gmail（レッスン㉝）などのメールを使います。相手が＋メッセージを使っていれば、写真やスタンプを送信できます。相手が＋メッセージを設定済みのときは、前ページの宛先一覧で、 のアイコンが付加されて表示されます。

相手も＋メッセージに対応していると、アイコンが表示されます

次のページに続く ▶▶▶ できる | 133

⑤ メッセージを送信します

▶ をタップします

ヒント
文字数に制限はあるの？
SMSでは最大で全角70文字までを送信できますが、2017年以降のスマートフォンや携帯電話では最大670文字まで送信できます。ただし、相手が対応していないと、メッセージが分割されて表示されることがあります。＋メッセージでは最大で全角2730文字まで送信できます。

相手に送信したメッセージが表示されました

ヒント
絵文字などを入力して送信できる
＋メッセージやSMSでは、文字だけでなく、絵文字も使うことができます。キーボードを記号や絵文字入力のモードに切り替え、入力しましょう。ただし、相手によっては正しく表示されないことがあります。また、＋メッセージではスタンプや写真も送信できます。

メッセージの確認

1 受信したメッセージを表示します

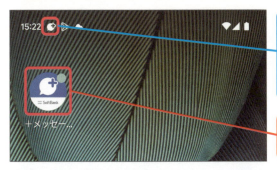

メッセージを受信すると、ステータスバーに未読メッセージを示すアイコンが表示されます

❶ をタップします

未読のメッセージは太字で表示されます

❷ メッセージをタップします

2 メッセージが表示されました

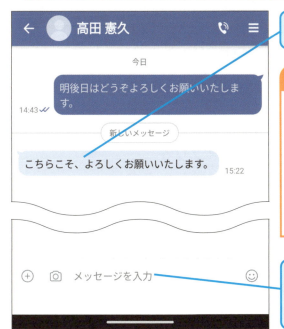

受信したメッセージが表示されました

ヒント

通知から表示することもできる

＋メッセージでメッセージを受信すると、スマートフォンに通知が表示されます。通知をタップすると、＋メッセージに届いたメッセージをすぐに確認できます。

ここをタップすると、返信のメッセージを入力できます

Gmailでメールを送ろう

レッスン 31

キーワード Gmail、メールの作成

Googleが提供するメールサービス「Gmail」を使って、メールを送信してみましょう。Gmailでメールを送受信するときは、[Gmail]のアプリを使います。

操作はこれだけ

タップ
➡20ページ

1 [Gmail]のアプリを起動します

❶ [Gmail] M をタップ します

❷ GMAILに移動 をタップ します

ヒント

Gmailのアプリをはじめて起動したときは

手順1では GMAILに移動 をタップしていますが、これはスマートフォンではじめてGmailを利用するときのみです。すでに[Gmail]のアプリを起動したことがあるときは、手順2の画面が表示されます。

② メールの作成画面を表示します

メールサーバーにメールがあると、メールの一覧が表示されます

「作成」をタップ👆します

ヒント

[連絡帳]で選んで送信できる

レッスン㉓を参考に、[連絡帳]のアプリを起動し、メールを送りたい相手を選び、[メール]をタップすると、その相手が[To]に入力された状態で、Gmailのメール作成画面が表示されます。また、手順3のように、Gmailの[To]に相手の名前やメールアドレスの一部を入力すると、候補が表示され、それをタップすると、宛先に設定できます。

③ メールの送信先を追加します

❶連絡先を入力します

連絡先を登録していれば、文字の入力で候補が表示されます

❷連絡先の候補をタップ👆します

次のページに続く ▶▶▶ できる | 137

4 メールの件名を入力します

続けて、件名を入力します

❶ 件名 をタップします

❷ 件名を入力します

続けて、本文を入力します

❸ メールを作成 をタップします

ヒント

複数の相手にメールを送りたいときは

Gmailで複数の相手にメールを送るには、手順3の画面で1人目を選んだ後、続けて、2人目のメールアドレスを入力します。

宛先を入力します

⑤ メールの本文を入力します

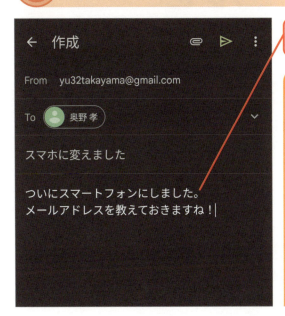

本文を入力します

ヒント
CcとBccは使えないの？

Gmailでは送信するメールをほかの人にも読んでおいて欲しいときに使う「Cc（Carbon Copy）」や「Bcc（Blind Carbon Copy）」が利用できます。手順4の画面の[To]の欄の右端に表示されている∨をタップすると、[Cc]と[Bcc]の欄が表示され、入力できるようになります。

⑥ メールを送信します

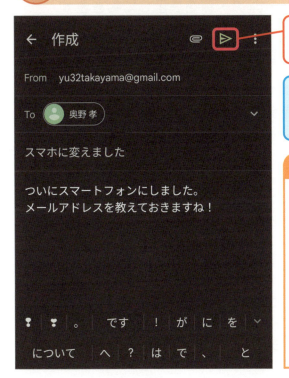

▷をタップ👆します

メールが送信され、メールの一覧が表示されます

ヒント
下書きに保存するには

メールの作成中、戻るキー（バックキー）をタップするか、戻るジェスチャー操作をすると、作成中のメールの内容は下書きに保存されます。続きを書くときは、メールの一覧画面を表示し、左上の☰をタップし、一覧から[下書き]のラベルを選びます。

レッスン 32 Gmailでメールを返信しよう

キーワード 🔑 メールの確認、返信

Gmailのメールアドレス宛に届いたメールを確認し、必要に応じて、返信してみましょう。未読のメールは太字で表示され、タップすると、内容を表示できます。

操作はこれだけ

タップ ➡ 20ページ

メールの確認

1 メールの詳細画面を表示します

- レッスン㉛（136ページ）を参考に、メールの一覧を表示しておきます
- 未読のメールは太字で表示されます
- 確認するメールをタップ👆します

ヒント

見つからないメールは検索しよう

目的のメールが見つからないときは、画面上段の［メールを検索］をタップして、検索してみましょう。件名や本文、メールアドレスなどで検索できます。ただし、間違って迷惑メールに分類されたり、削除されていることもあるので、142ページのヒントを参考に、［迷惑メール］や［ゴミ箱］のラベルも確認してみましょう。

ヒント

通知から受信したメールを表示できる

新しいメールが届くと、ステータスバーにGmailの通知アイコンが表示されます。すぐにメールを確認したいときは、以下のように通知パネルを表示しましょう。本文の一部をその場で確認できるうえ、すぐに返信の操作もできます。

ステータスバーにGmailの通知アイコンが表示されていることを確認します

通知パネルが表示され、受信したメールの概要が表示されました

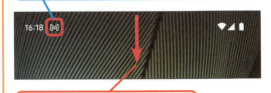

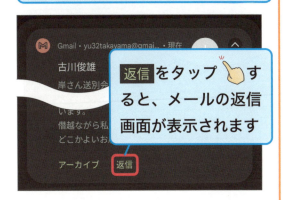

ステータスバーを下にドラッグします

返信をタップすると、メールの返信画面が表示されます

② メールの一覧に戻ります

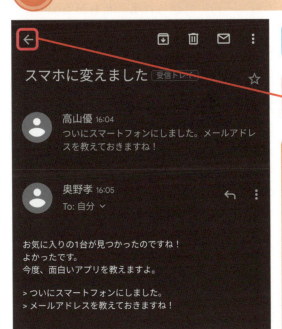

メールの詳細画面が表示されました

← をタップします

ヒント

メールに目印を付けられる

大切なメールには、メールの右側にある☆をタップして［スター］を付けておくと、便利です。142ページのヒントを参考に、ラベルの一覧を表示し、［スター付き］を選ぶことで、すぐに表示できます。

3 メールの一覧が表示されました

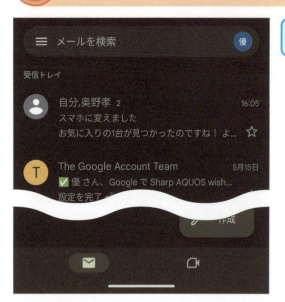

1つ前の画面に戻りました

ヒント

受信したメールは自動で振り分けられる

Gmailでは受信したメールに自動的にラベルが付けられ、分類されます。分類されたメールは以下のように、表示するラベルを切り替えることで確認できます。下書きとして保存したメールなども［下書き］ラベルに切り替えると、確認できます。誤って迷惑メールに分類されることもあるので、ラベルを切り替えて確認してみましょう。

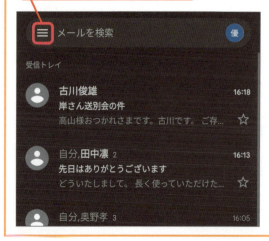

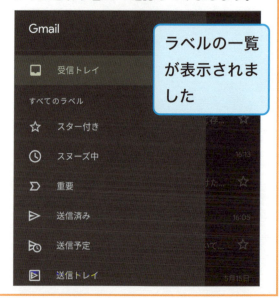

ラベルの一覧が表示されました

メールの返信

1 メールの返信画面を表示します

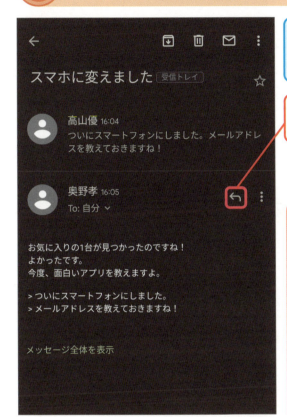

140ページを参考に、返信するメールの詳細画面を表示しておきます

↩をタップします

ヒント
関連したメールがまとまって表示される

Gmailでは手順1の画面のように、同じ相手とやり取りしたメールがまとまって表示されます。以前のメールは折りたたんで表示され、返信メールなどが続いて、その下に表示されます。

2 メールを返信します

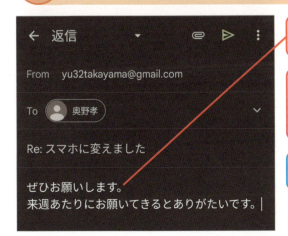

❶メールの本文を入力します

❷画面右上の▷をタップします

メールが返信されます

レッスン 33 写真をメールで送ろう

キーワード 添付

Gmailではメールに写真を添付して、送信できます。メールには複数の写真を添付できますが、容量が大きくなり、相手が受信できないこともあるので、注意しましょう。

操作はこれだけ

タップ ➡20ページ

1 添付する写真の一覧を表示します

レッスン㉛（136ページ）を参考に、メールの作成画面を表示しておきます

❶ 📎 をタップします

❷ ファイルを添付 をタップします

ヒント

［フォト］アプリなどから添付ファイルを選べる

ここでは［Gmail］のアプリで［ファイルを添付］を選んでいますが、［フォト］アプリで写真を表示し、［共有］で［Gmail］を選ぶと、写真を添付したメールを作成できます。写真だけでなく、ほかのアプリも同様に［共有］から選んで、ファイルを添付できます。

第5章 メールをしよう

② 添付する写真を選択します

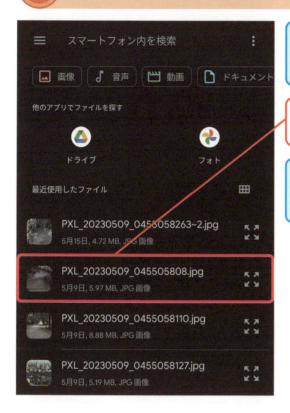

ここではスマートフォンで撮影した写真を添付します

添付する写真をタップします

選択した写真がメールに添付されます

ヒント

ほかのファイルを添付したいときは？

手順2では「最近使用したファイル」から写真を選んでいますが、ほかのファイルを添付したいときは、手順2の画面の左上にある ≡ をタップします。「最近」「画像」「動画」「ドキュメント」「ダウンロード」などの項目が表示されるので、そこをタップして、ほかのファイルを選ぶことができます。また、[ドライブ]をタップすれば、Googleドライブに保存されているデータを選んで、メールに添付することもできます。

❶ 左上の ≡ をタップします

❷ 🕐 をタップします

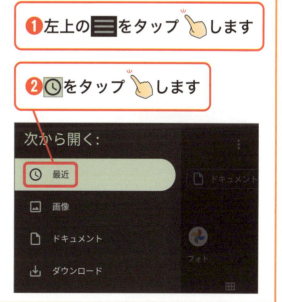

スマートフォンの「困った！」に答える**Q&A**

Q メールに添付された写真を保存したい

A 写真をタップして保存します

メールに添付された写真は、以下の操作で、スマートフォン本体に保存できます。大切な写真を保管したり、ほかの人に送信したり、後でゆっくり見たいときなどに活用しましょう。同様に文書などのファイルも保存できますが、ファイルによっては表示用のアプリが必要になります。表示できないときは、レッスン㊿を参考に、別途、対応アプリをダウンロードしましょう。

メールに写真が添付されていると、本文の下に写真が表示されます

❶写真をタップします

添付された写真が表示されました

❷ ： をタップします

❸ 保存 をタップします

写真が保存されます

第5章 メールをしよう

第6章

インターネットを楽しもう

最新のニュースや商品の詳しい情報、お店の口コミなど、インターネット上にはさまざまな情報があります。こうした情報をスマートフォンで調べたり、表示したりしてみましょう。この章では、インターネットの情報検索に欠かせないブラウザの使い方を解説します。

この章の内容

34 スマートフォンでインターネットを楽しもう　148

35 Webページを検索しよう　150

36 Webページをお気に入りに登録しよう　156

37 複数のWebページを切り替えて見よう　160

38 カメラを使って検索しよう　164

スマートフォンの「困った！」に答える**Q&A**　166

◆この章を学ぶ前に◆

レッスン 34 スマートフォンで インターネットを楽しもう

スマートフォンでインターネットを使うにはどうすればいいのでしょうか？ インターネットの利用に欠かせないブラウザの役割と使い方を確認しておきましょう。

検索の基本を身に付けよう

スマートフォンでは標準で搭載されている[Chrome]というブラウザのアプリを使って、インターネット上のWebページを表示できます。Webページは「https://www.impress.co.jp」のようなアドレスでも表示できますが、商品名や店名などのキーワードで検索して表示する方が簡単です。音声でも検索できます。

◆Chrome

ブラウザの[Chrome]を使って、検索できます。音声で入力して、検索することもできます
→レッスン㉟

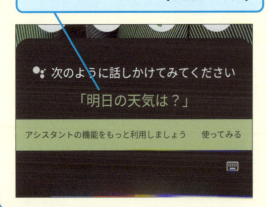
話しかけてWebページを検索することができます
→Q&A「しゃべって検索するには」（166ページ）

Webページを見るときに便利な使い方を知ろう

インターネット上の情報を効率よく表示するために［Chrome］の便利な機能を活用しましょう。Webページを拡大して見やすくしたり、［タブ］を使って複数のWebページを切り替えたり、よく見るWebページをブックマークに登録したりしましょう。

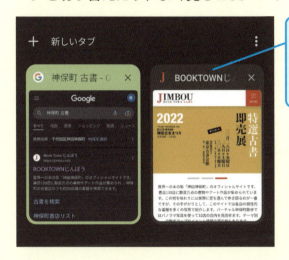

複数のWebページを同時に開いて切り替えながら見ることができます
→レッスン㊲

新しい検索方法を覚えよう

カメラを使った新しい検索方法にも挑戦してみましょう。目の前にあるモノ、外国語の看板やメニューなどにカメラを向けるだけで情報を検索できます。検索するためのキーワードを入力しなくても簡単に調べものができます。

検索したいモノをカメラを使って検索できます
→レッスン㊳

Webページを検索しよう

キーワード / Chrome

ブラウザのアプリ [Chrome] を使って、インターネット上の情報を検索してみましょう。知りたいことをキーワードとして入力すると、候補のWebページが一覧で表示されます。

操作はこれだけ

 タップ ➡20ページ ／ ピンチイン ➡23ページ ／ ピンチアウト ➡23ページ

1 [Chrome] を起動します

レッスン❼（30ページ）を参考に、ロックを解除しておきます

[Chrome] をタップ  します

ヒント

標準搭載のアプリを確認しよう

機種によっては、複数のブラウザのアプリが搭載されていることがあります。どのアプリでもWebページの表示や検索ができますが、多機能で使いやすい[Chrome]がおすすめです。ホーム画面に見当たらないときは、アプリの一覧画面で探してみましょう。

ヒント

はじめて起動したときは

[Chrome] をはじめて起動すると、初期設定の画面が表示されます。Chromeにサインインするためのアカウントを選択したり、設定の同期を有効にしたり、通知を許可したりすると、使えるようになります。次回からは、すぐに手順2の画面が表示されます。

② Webページを検索します

[Chrome] のアプリが起動し、Webページが表示されました

機種によって、表示されるWebページは異なります

❶検索ボックスをタップします

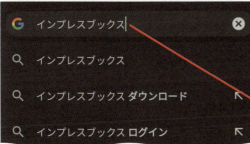

ここでは「インプレスブックス」について検索します

❷文字を入力します

入力された文字に応じて、検索候補が表示されます

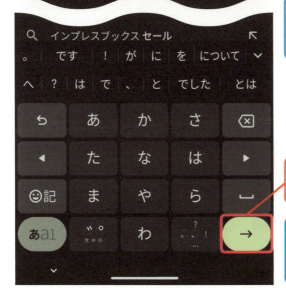

❸ → をタップします

機種によっては、🔍 と表示されます

3 検索結果が表示されました

検索結果のリンクをタップします

ヒント
地図も検索できる

キーワードに地名や住所などを含めると、検索結果に地図も表示されます。場所や行き方を確認したいときに便利です。

ヒント
続けて別のWebページを検索するには

手順4のようにWebページが表示されている状態で、別のWebページを検索したいときは、アドレスバーを使って検索します。アドレスバーにキーワードを入力すると、同様にGoogleを使った検索ができます。アドレスバーが表示されないときは、ページを下にスワイプしてスクロールしてみましょう。

ここをタップして検索できます

④ Webページの表示を拡大します

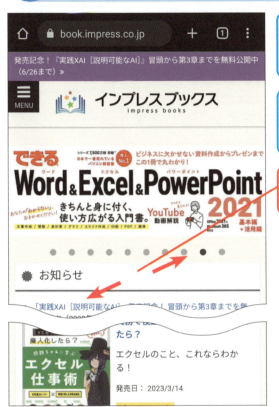

リンク先のWebページが表示されました

Webページの一部を拡大して表示します

ピンチアウト👆します

ヒント

横向きにすると、大きく表示できる

スマートフォンを横向きに持つと、Webページの表示が自動的に回転して、横長の画面に切り替わります。Webページの幅を画面の横幅にピッタリ合わせつつ、全体の文字が大きくなり、見やすくなります。縦表示よりも表示される範囲が上下に狭くなりますが、画面を拡大しなくても、縦スクロールだけでWebページ全体を閲覧できます。縦向きに持つと、再び縦表示に戻ります。画面を自動的に回転させたくないときは、第3章のQ&A（105ページ）を参考に、設定を変更しましょう。

画面の左下に表示された🔄をタップ👆して切り替えられる機種もあります

⑤ Webページの表示が拡大されました

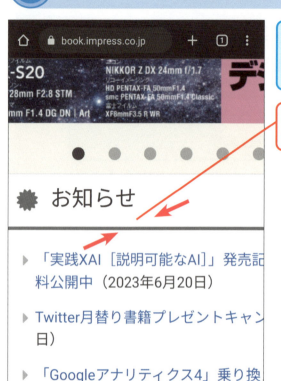

ピンチアウト👆した部分が拡大されました

ピンチイン👆します

インターネットを楽しもう 第6章

ヒント

キーワードを音声で入力して検索できる

手順2の検索ボックス、または［Chrome］のアドレスバーをタップしたときに表示されるマイクのアイコンを利用すると、音声でキーワードを入力できます。［なんでも話してみてください］と表示されたら端末のマイクに向かってキーワードを話しましょう。音声が認識され、検索結果が表示されます。手が離せないときなどに活用すると便利です。

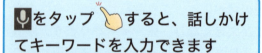

🎤をタップ👆すると、話しかけてキーワードを入力できます

6 Webページの表示が元に戻りました

ピンチイン🫰した部分が縮小されました

ヒント
直前のWebページに戻るには

ほかのWebページに移動した後に、戻るキー（前に戻る）をタップしたり、画面の端を中央までスワイプしてから離すジェスチャー操作をすると、前に表示していたWebページに戻ります。

ヒント
ホーム画面からすばやくWebページを検索できる

検索はホーム画面の「検索ウィジェット」でも実行できます。タップすると、入力可能な状態になるので、キーワードを入力します。検索画面に一覧表示された結果をタップすると、［Chrome］や［マップ］などのアプリが起動します。

❶ここをタップ🫰します

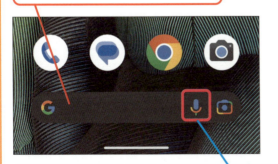

🎤をタップ🫰する方法は、166ページで詳しく説明しています

❷文字を入力します

❸ 🔍 をタップ🫰します

Webページをお気に入りに登録しよう

キーワード　ブックマーク

よく見るWebページや後でもう一度、表示したいWebページは、ブックマークに登録しておくと便利です。次回以降、一覧から簡単に表示できるので、検索の手間が省けます。

操作はこれだけ

タップ	ピンチイン	ピンチアウト
➡20ページ	➡23ページ	➡23ページ

ブックマークの追加

1　[Chrome]のメニューを表示します

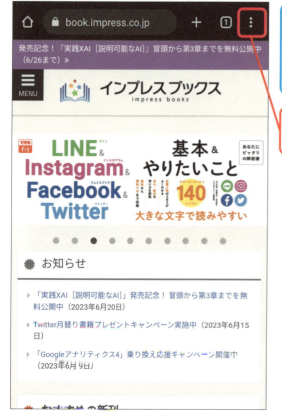

レッスン㉟（150ページ）を参考に、ブックマークに追加するWebページを表示しておきます

︙をタップ　します

インターネットを楽しもう　第6章

156　できる

ヒント

よく見るWebページをホーム画面からすばやく表示できる

手順2で［ホーム画面に追加］をタップすると、そのWebページを表示するためのアイコンがホーム画面に追加されます。次回以降はホーム画面に追加されたアイコンをタップするだけで、自動的に［Chrome］のアプリでWebページが表示されます。よく見るWebページを追加すると便利です。

2 Webページをブックマークに追加します

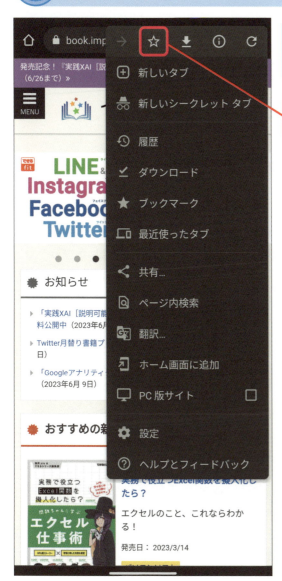

［Chrome］のメニューが表示されました

☆をタップします

ヒント

今まで表示したWebページを確認できる

［Chrome］では過去に表示したWebページが［履歴］に自動的に記録されます。このため、手順2で［履歴］をタップすることで、過去に表示していたWebページをもう一度、すばやく表示することができます。

③ ブックマークに追加されました

ブックマークが保存され、「ブックマークを保存しました」と表示されました

ヒント

ブックマークを整理するには

追加したブックマークを削除したいときは、次ページの手順2の画面で、ブックマーク右端のボタンをタップし、表示されたメニューから［削除］を選びます。また、［編集］で登録内容を変更できます。削除したブックマークは元に戻せないので、注意しましょう。

をタップします

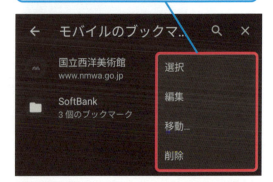

表示されたメニューを使って、削除したり、フォルダに移動したりすることができます

ブックマークの表示

1 ブックマークの一覧を表示します

156ページを参考に、⋮をタップして、[Chrome]のメニューを表示しておきます

❶[ブックマーク]をタップします

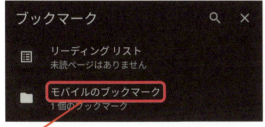

❷[モバイルのブックマーク]をタップします

ヒント
フォルダでブックマークを整理しよう

ブックマークはフォルダで管理できます。前ページのヒントを参考に、メニューから[移動]を選びます。[フォルダの選択]で[新しいフォルダ]を選ぶと、フォルダを作れます。カテゴリごとに分類しておくと便利です。

2 Webページを表示します

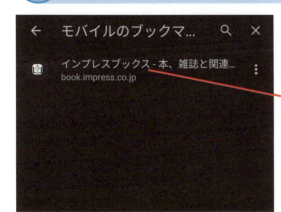

ブックマークの一覧が表示されました

表示するブックマークをタップします

選択したブックマークのWebページが表示されます

複数のWebページを切り替えて見よう

キーワード タブ

[Chrome]では「タブ」を追加して、別々のWebページを表示し、複数のWebページを切り替えながら閲覧できます。調べものや情報を比較したいときなどに便利です。

操作はこれだけ
タップ ➡20ページ 　ロングタッチ ➡21ページ

タブの追加

1 メニューを表示します

ここではWebページの検索結果のリンクを新しいタブに表示します

リンクをロングタッチ します

ヒント

検索の精度を上げるコツとは

[Chrome]のアドレスバーに、複数の言葉をスペースで区切って入力すると、両方の言葉を含んだWebページを検索することができます。たとえば、「神保町」と「古書」という言葉を入力して検索すると、神保町にある古書店を紹介したWebページなどが検索結果に表示されます。

② 新しいタブを追加します

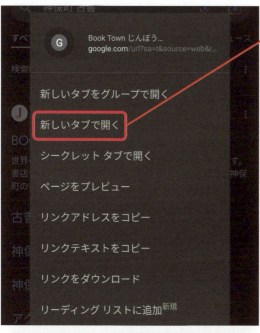

[新しいタブで開く] をタップします

タブが追加され、タブの表示が「2」に変わりました

> **ヒント**
>
> **リンク先のWebページを開く前に確認できる**
>
> メニューにある [ページをプレビュー] をタップすると、実際にタブでWebページを開く前に、Webページの内容を確認できます。たくさんのWebページをタブで開くと、タブの切り替えに手間取ったり、目的の情報を見つけにくくなったりすることがあるので、あらかじめプレビューで確認して、必要なWebページのみを開くようにすると効率的です。

タブの切り替え

③ タブの一覧を表示します

追加されたタブを表示します

 をタップします

> **ヒント**
> **アドレスバーが消えてしまったときは**
> 画面を下から上へスワイプして、Webページの下部を表示すると、アドレスバーが消えてしまいます。再び表示したいときは、画面を上から下へスワイプします。

④ タブを切り替えます

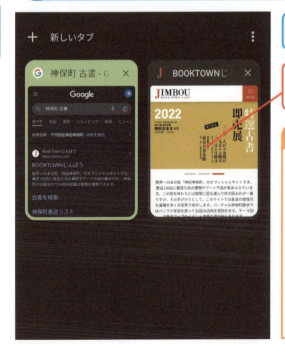

タブの一覧が表示されました

表示するタブをタップします

> **ヒント**
> **タブを追加してから検索したいときは**
> 手順4の画面で左上の ✚ をタップすると、何もWebページが表示されていない新しいタブを追加できます。レッスン㉟の手順2のように、検索ボックスを表示できるので、検索から作業をはじめたいときに便利です。

5 タブが切り替わりました

タブが切り替わり、2つめのWebページが表示されました

ヒント

すばやくタブを切り替えられる

アドレスバーを左右にスワイプすると、タブの一覧画面を表示しなくてもタブを切り替えられます。直前のタブや次のタブなど、近くのタブに切り替えたいときは、この方法が便利です。

ヒント

タブを閉じるには

タブを閉じるには、タブの一覧で、閉じたいタブの右上の×をタップするか、左右どちらかにスワイプします。複数のタブを開いているときは、続けて同じ操作をすることで、連続してタブを閉じることができます。右上の︙をタップして［すべてのタブを閉じる］を選び、すべてのタブを閉じることもできます。

前ページを参考に、タブの一覧を表示しておきます

×をタップします

タブが閉じました

タブをタップすると、Webページが表示されます

カメラを使って検索しよう

キーワード Googleレンズ

[Googleレンズ] はスマートフォンのカメラに映った対象を自動的に検索してくれる機能です。調べるためのキーワードがわからなくてもモノや人、外国語などを検索できます。

操作はこれだけ

タップ ➡20ページ

1 [Googleレンズ] を起動します

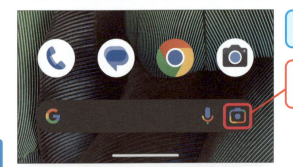

ホーム画面を表示しておきます

❶ 📷 をタップします

❷ 📷 をタップします

ヒント

過去の写真でも検索できる

[Googleレンズ] はその場で撮影したものだけでなく、過去に撮影した写真を使って、検索をすることもできます。画面下の写真を選択して検索しましょう。

② カメラを使って検索します

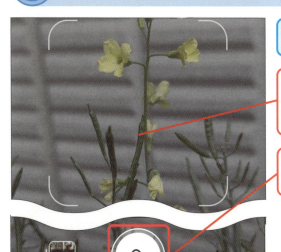

調べたい物にカメラを合わせます

❶ 調べたい物にカメラを合わせます

❷ 🔍 をタップ 👆 します

撮影した写真から、検索候補が表示されました

❸ 検索候補をタップ 👆 します

[Chrome]が起動し、撮影した写真から検索ができました

ヒント

ほかに何を検索できるの？

[Googleレンズ]は植物や動物だけでなく、さまざまな物を検索できます。撮影時に画面下部の[検索]や[翻訳]などをスワイプして切り替えることで、商品パッケージから商品情報やショッピングサイトを検索したり、建物から場所（地図）を検索したり、外国語の看板やメニューを翻訳したりできます。

スマートフォンの「困った！」に答える Q&A

 しゃべって検索するには

 マイクのアイコンをタップします

ホーム画面の検索ウィジェットの右端に表示されている🎤をタップしてキーワードを話しかけると、音声が認識され、検索が実行されます。検索だけでなく、［〇〇に電話して］や［ライトをつけて］などのスマートフォンの操作も音声でできます。

レッスン❽（34ページ）を参考に、ホーム画面を表示しておきます

❶ 🎤をタップします

音声検索の画面が表示されました

❷ キーワードを話しかけます

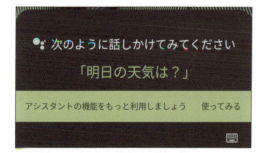

話しかけたキーワードが表示され、音声検索が実行されます

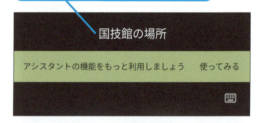

検索結果の一覧が表示されました

ホーム画面から検索するには

A ウィジェットから検索します

Webページの検索は、ホーム画面に配置されている検索ウィジェットからも実行できます。ブラウザを使って検索するときと同じように、検索ボックスにキーワードを入力すると、候補のWebページが一覧表示されます。

レッスン❽（34ページ）を参考に、ホーム画面を表示しておきます

検索結果の一覧が表示されました

❶検索ボックスをタップします

❷キーワードを入力します

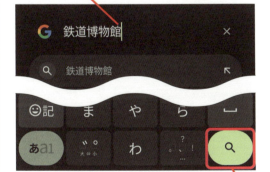

❸ をタップします

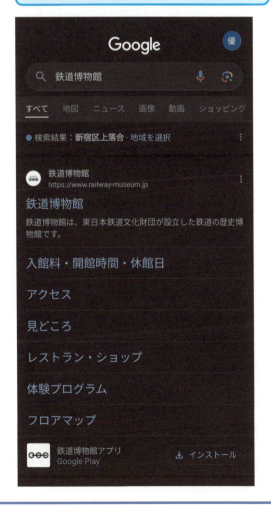

スマートフォンの「困った！」に答える**Q&A**

 パソコンで見たときと同じように
Webページを表示したい

 ［PC版サイト］の機能を使います

Webページによっては、以下のように［PC版サイト］を選択することで、パソコンのブラウザで表示したときと同じデザインでWebページを表示できます。スマートフォン向けのページにはないリンクにアクセスしたり、スマートフォン版では拡大できないページをPC版で拡大したりできます。

レッスン㊱（156ページ）を参考に、［Chrome］のメニューを表示しておきます

Webページがパソコンと同じ表示に切り替わりました

［PC版サイト］をタップします

インターネットを楽しもう 第6章

168 できる

第**7**章

写真や動画を撮ろう

スマートフォンで写真や動画を楽しんでみましょう。本体に搭載されたカメラを利用すれば、旅行先やイベントのときだけでなく、日常生活においても手軽に写真や動画を撮影することができます。撮影した写真や動画は、いつでも見ることができるうえ、SNSなど公開することもできます。また、写真を壁紙にしたり、編集したりして楽しむこともできます。

この章の内容

㊴スマートフォンで写真を楽しもう	170
㊵写真を撮ろう	172
㊶撮った写真を見よう	176
㊷撮影した写真を壁紙にしよう	180
㊸動画を撮ろう	184
スマートフォンの「困った！」に答える**Q&A**	188

レッスン 39

◆この章を学ぶ前に◆

スマートフォンで写真を楽しもう

スマートフォンで写真を撮影してみましょう。撮影の方法や写真の見方を覚えておけば、外出先などで簡単に写真を撮影して、楽しむことができます。

写真や動画撮影の基本を身に付けよう

スマートフォンで写真や動画を撮影するには、カメラのアプリを使います。画面を見ながらピントを合わせ、シャッターボタンをタップすれば、簡単に撮影できます。本体の向きを縦横に変えたり、画面上のボタンを使ってズームしたりと、いろいろな撮影も楽しめます。

◆[カメラ]

カメラのアプリを使って、写真を撮影できます
→レッスン㊵

カメラのアプリで撮影モードを切り替えて、動画を撮影できます
→レッスン㊸

写真や動画を撮ろう 第7章

170 できる

撮影した写真をスマートフォンで楽しもう

撮影した写真は、スマートフォンのディスプレイを使って、その場ですぐに見ることができます。表示する写真を次々に切り替えたり、拡大して細かな部分の確認も簡単です。また、写真の撮影日や撮影場所を確認することもできます。

写真のアプリを使って、撮影した写真を表示できます。撮影した場所をアプリ上で確認することもできます
→レッスン㊶

気に入った写真を壁紙に設定しよう

気に入った写真を撮影できたら、その写真をスマートフォンの壁紙に設定してみましょう。ロック画面やホーム画面に常に表示されるので、お気に入りの写真を見ながら、操作することができます。

撮影した写真をホーム画面の壁紙に設定できます
→レッスン㊷

写真を撮ろう

キーワード カメラ

スマートフォンで写真を撮影するには［カメラ］のアプリを使います。本体の背面に備えられたカメラを被写体に向けて、シャッターボタンをタップすると、撮影できます。

操作はこれだけ　タップ ➡20ページ 　ドラッグ ➡22ページ

1 カメラのアプリを起動します

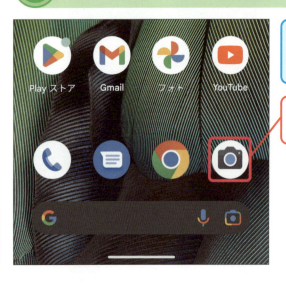

レッスン❼（30ページ）を参考に、ロックを解除しておきます

［カメラ］ をタップ します

ヒント
アプリが違っても基本操作は同じ

ここではPixel 7aの［カメラ］アプリを例に使い方を解説しています。機種によっては［カメラ］アプリが異なることがありますが、基本操作は同じです。

ヒント
カメラをすばやく起動できる

機種によっては、本体のボタン操作などで、すばやくカメラのアプリを起動できます。操作方法は機種によって異なりますが、たとえば、電源ボタンをすばやく2回押すことでカメラを起動できます。ロック画面からも起動できるので、シャッターチャンスを逃さず、撮影できます。

ヒント

自分撮りをするには

スマートフォンにはディスプレイ側にも自分を撮影するためのカメラが搭載されています。自分の姿を入れた状態で、風景などを撮影したいときは、右のように［カメラ］のアプリでカメラを切り替えて撮影しましょう。自分で撮るときは手ぶれしやすいので、しっかり本体をかまえた状態で撮影するか、セルフタイマーを活用するといいでしょう。

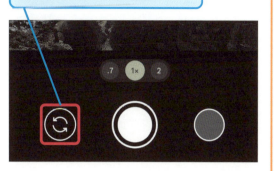

をタップして、カメラを切り替えます

② ピントを合わせたいところを決めます

❶ スマートフォン背面のカメラを被写体に向けます

❷ ピントを合わせたいところをタップします

ヒント

設定の画面が表示されたときは

はじめて起動したとき、位置情報の利用の許可を求める画面が表示されます。許可すると、撮影場所の位置情報が写真に記録されます。写真から撮影場所を確認できますが、自宅などで撮影した写真を公開すると、第三者に自宅を知られてしまうこともあるので注意しましょう。常に記録する場合は［アプリ使用時］、今回だけ記録する場合は［今回のみ］、記録したくないときは［許可しない］を選びます。

次のページに続く ▶▶▶

③ 写真を撮影します

被写体にピントが合い、明るさが自動で調整されました

◯をタップ 👆 します

音が鳴り、写真が撮影されます

ヒント
拡大・縮小して撮影できる

撮影時に画面をピンチアウトすると被写体を拡大して、ピンチインすると縮小して撮影できます。また、シャッターボタンの上にある[.7]や[1x][2]で倍率を変えることもできます。

ヒント
ロック画面からカメラを起動できる

機種によっては、ロック画面にはカメラのアイコンが表示されていて、そのアイコンをドラッグしたり、ダブルタップすると、カメラを起動し、すぐに写真や動画の撮影ができます。

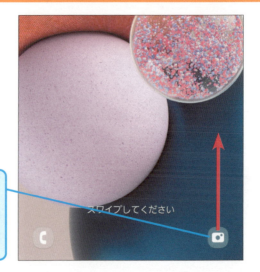

ロック画面にあるカメラのアイコンをドラッグ 👆👆 すると、カメラが起動します

④ 直前に撮影した写真を表示します

撮影された写真のサムネイルが表示されました

❶画面の右下にある写真をタップします

直前に撮影した写真が表示されました

❷ をタップします

[カメラ] のアプリの画面が表示されます

ヒント

続けて写真を確認できる

写真の表示後、画面を左にスワイプすると、以前に撮影した別の写真を表示できます。

レッスン 41 撮った写真を見よう

キーワード フォト（写真）

以前に撮影した写真を確認したいときは、写真のアプリを使います。写真を表示するだけでなく、分類して整理したり、バックアップしたりすることもできます。

操作は
これだけ　　タップ 　　ダブルタップ
　　　　　➡20ページ　　　　　　➡20ページ

1 写真のアプリを起動します

レッスン❼（30ページ）を参考に、ロックを解除しておきます

［フォト］をタップします

第7章　写真や動画を撮ろう

ヒント

機種によってアプリが異なる

ここでは［Google］フォトと連携した［フォト］アプリの使い方を解説しています。Androidプラットフォームを搭載したほとんどのスマートフォンに標準でインストールされていますが、一部の機種では［ギャラリー］や［ピクチャー］など、独自の写真アプリが搭載されていることがあります、いずれも写真を表示するなどの基本的な操作に大きな違いはありません。

② アプリの初期設定を実行します

[フォト] が起動し、初期設定の画面が表示されました

❶ [バックアップをオンにする] をタップします

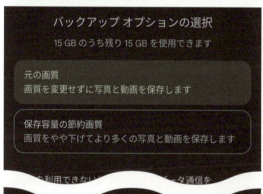

ヒント

写真が自動でバックアップされる

バックアップをオンにすると、写真が自分のGoogleアカウントに紐づけられたクラウドストレージに自動的に保存されます。写真を安全に保管できるうえ、ブラウザを使って、パソコンなどからも写真を参照できます。不要なときは[バックアップしない]を選択します。

❷ 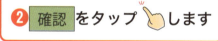 確認 をタップします

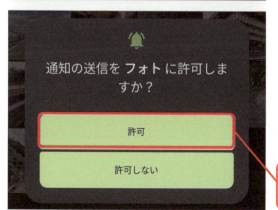

❸ 許可 をタップします

次のページに続く ▶▶▶

③ 写真を表示します

写真や画像の一覧が表示されました

表示する写真をタップ 👆 します

ヒント
一覧の表示期間を変更できる

写真の一覧画面をピンチアウト／ピンチインすると、一覧に表示される写真の期間を変更できます。古い写真を表示したいときは、ピンチアウトして、月単位などの表示に変更してみましょう。

ヒント
操作ボタンが消えたときは

画面の上下に操作ボタンなどが表示されず、写真だけが画面に表示されているときは、写真をタップすると、隠れた操作ボタンなどが表示されます。しばらくすると、操作ボタンは自動的に隠れます。

画面をタップ 👆 します

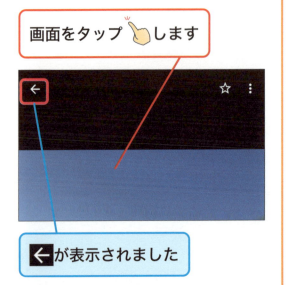

← が表示されました

4 写真を拡大します

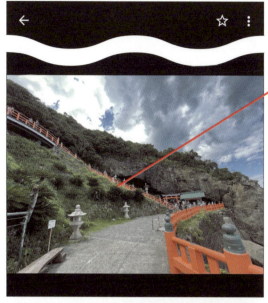

写真が表示されました

拡大する部分をダブルタップ します

ヒント

前後に撮影した写真を表示できる

表示された写真を左右にスワイプすると、前の写真や次の写真に簡単に切り替えることができます。

ダブルタップ した部分を中心に、写真が拡大されました

←をタップ すると、写真や画像の一覧が表示されます

ヒント

細かく拡大・縮小できる

2本の指を広げたり、狭めたりするピンチアウト／ピンチインやダブルタップの操作で、写真を拡大したり、縮小して表示できます。拡大後はドラッグして、表示する位置を変更できます。

撮影した写真を壁紙にしよう

キーワード 壁紙

撮影した写真を壁紙に設定してみましょう。お気に入りの写真を常に持ち歩けるだけでなく、ホーム画面などで眺めながら操作ができます。

操作はこれだけ　タップ ➡20ページ

1 写真のアプリのメニューを表示します

レッスン㊶（176ページ）を参考に、壁紙に設定する写真を表示しておきます

をタップします

が表示されていないときは画面をタップします

ヒント

撮影した写真から検索できる

画面下の［レンズ］をタップすると、表示している写真の情報を検索できます。写真に写っている植物や動物を検索したり、写真に写っている文字や二次元バーコードを読み取ったりすることができます。

② 写真の登録画面を表示します

写真のアプリのメニューが表示されました

❶ ［写真を他で使う］をタップします

ヒント
写真の撮影場所を確認できる

写真の撮影時に位置情報の記録がオンになっている場合、写真の撮影場所が地図上に表示されます。旅行の思い出を写真で振り返ったり、何の写真かわからないときに場所から思い出したりできます。

❷ 🌈をタップします

ヒント
壁紙を元に戻すには

ホーム画面をロングタッチして、［壁紙とスタイル］を選択すると、壁紙を元に戻したり、別の写真や画像に変更したりできます。

次のページに続く ▶▶▶

③ 写真の画角を確認します

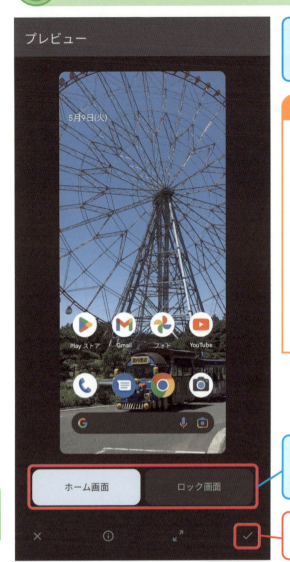

ここでは画面に表示された画角で壁紙を設定します

> **ヒント**
>
> **好みの画角を設定できる**
>
> ［フォト］のアプリでは、現在、画面に表示されている写真がそのままの拡大率と位置で壁紙に設定されます。［壁紙に設定］をタップする前に、ピンチ操作で写真を拡大したり、ドラッグして壁紙にしたい位置を調整したりしましょう。人物の顔の部分や風景の気に入っている部分などを中心に、好みの画角で設定しましょう。

ここをタップして、ホーム画面とロック画面で個別に写真を設定できます

❶ ✓をタップ👆します

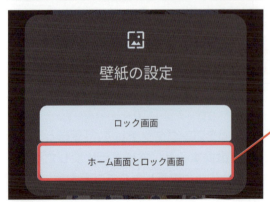

❷ ［ホーム画面とロック画面］をタップ👆します

4 壁紙が設定されました

レッスン❽（34ページ）を参考に、ホーム画面を表示します

ホーム画面に設定した壁紙が表示されました

ヒント

バックアップの状態を確認できる

初期設定で写真のバックアップをオンにした場合、Wi-Fiに接続されると自動的にバックアップが開始されます。バックアップの状態は右上のアカウントアイコンから確認できます。バックアップされていない写真がある場合は［Wi-Fi接続の待機中］と表示され、写真の右下にもまだアップロードされていないことを示すアイコンが表示されます。

無線LANに接続されると、自動的にバックアップがはじまります

右上のアイコンをタップします

バックアップが完了すると、「バックアップが完了しました」と表示されます

動画を撮ろう

キーワード カメラ（動画）

スマートフォンのカメラでは写真だけでなく、動画を撮影できます。動画の撮影も写真と同じ［カメラ］のアプリを使います。撮影モードを変更して、撮影してみましょう。

操作はこれだけ

タップ
➡20ページ

動画の撮影

1 カメラのモードを変更します

レッスン㊵（172ページ）を参考にカメラのアプリを起動しておきます

❶スマートフォンを横向きにします

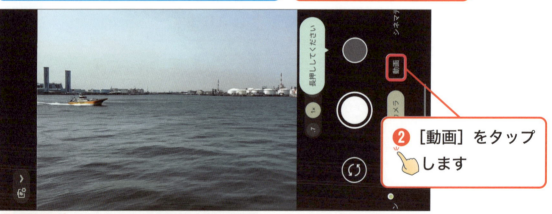

❷［動画］をタップします

ヒント

動画で自分撮りをしたいときは

動画でも自分を撮影できます。写真と同様に手順1の右下にあるカメラ切り替えのアイコン（ ）をタップして、ディスプレイ側のカメラに切り替えて撮影しましょう。

動画は縦でも横でも撮影できる

ここでは本体を横向きにして動画を撮影していますが、縦向きでも撮影ができます。撮影した動画をテレビやパソコンで見るときは横向き、SNSに投稿するときは縦向きというように、撮影後の用途によって、縦横を使い分けるといいでしょう。

2 動画撮影のモードに切り替わりました

動画撮影モードの画面に切り替わりました

3 動画を撮影します

●をタップ 👆 します

次のページに続く ▶▶▶

④ 動画の撮影を終了します

動画の撮影がはじまり、経過時間が表示されました

動画の撮影が終了し、手順3の画面が表示されます

をタップします

ヒント

静止画の撮影モードに戻すには

動画から静止画に戻したいときは、[カメラ]（前ページの手順3の画面参照）をタップすることで、撮影モードを切り替えられます。機種によっては、画面の被写体が表示されている部分や撮影モードのボタンを左右にスワイプしても切り替えられます。

ヒント

動画撮影中に写真が撮れる

動画を撮影している最中に、同時に写真を撮ることもできます。手順4の画面で右上にあるシャッターボタン（○）をタップすると、そのタイミングの映像を写真として保存できます。ただし、動画を撮影しながらの操作になるので、手ぶれしやすくなります。両手で本体をしっかり支えた状態でシャッターボタンをタップしましょう。

撮影した動画の再生

1 動画を再生します

レッスン㊶（176ページ）を参考に、写真のアプリを起動しておきます

再生する動画をタップします

動画には▶のアイコンが表示されます

2 動画が再生されます

動画が再生されました

動画の再生中に一時停止や早送りなどの操作ボタンを表示するときは、画面をタップします

スマートフォンの「困った！」に答えるQ&A

Q 撮影した写真や動画を削除したい

A ［フォト］アプリで表示して削除します

失敗してしまった写真や動画など、不要な写真や動画は削除できます。以下のように、［フォト］アプリで不要な写真や動画を選択して、削除します。バックアップ先のクラウドストレージからも削除されますが、［ゴミ箱］に移動するだけで、完全には削除されません。ゴミ箱に移動後、30日が経過すると、自動的に削除されます。

レッスン㊶（176ページ）を参考に、削除する写真を表示しておきます

❶ 🗑 をタップします

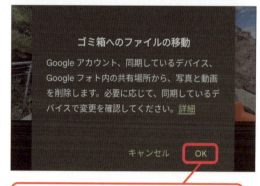

❷ ［OK］をタップします

❸ ［ゴミ箱に移動］をタップします

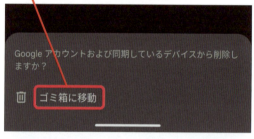

写真がゴミ箱に移動されました

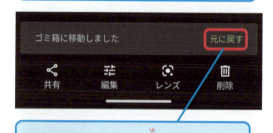

元に戻す をタップすると、ゴミ箱に移動した写真を元に戻せます

第7章 写真や動画を撮ろう

188 できる

自動バックアップを止めたい！

 アプリから設定し直しましょう

自動バックアップは便利な機能ですが、枚数が増えてくると、クラウドの容量が足りなくなることがあります。有料で容量を増やすこともできますが、不要なときは以下のように操作することで、バックアップを停止することができます。なお、後からオンにすることで、いつでもバックアップを再開できます。

レッスン㊶（176ページ）を参考に、［フォト］を起動しておきます

❶ ここをタップ します

❷ フォトの設定 をタップ します

❸ バックアップ をタップします

❹ バックアップ のここをタップして にします

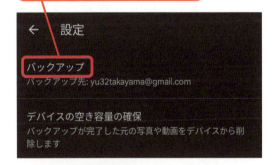

スマートフォンの「困った！」に答えるQ&A

Q QRコードを簡単に読み取るには

A 通知パネルから［QRコードスキャナ］を起動します

QRコードは、［カメラ］アプリを使って、読み取ることができますが、以下のように通知パネルから［QRコードスキャナ］を起動して読み取ることもできます。通知パネルに［QRコードスキャナ］が表示されていないときは、通知パネルを下にドラッグして［編集］ボタンから追加できます。

レッスン㉔（274ページ）を参考に［QRコードスキャナ］のタイルを追加しておきます

❷QRコードにスマートフォンをかざします

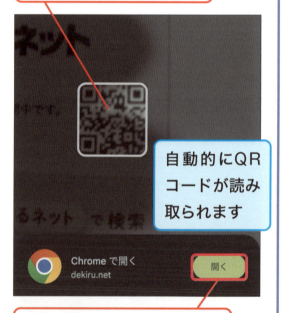

自動的にQRコードが読み取られます

❸ 開く をタップ👆します

❶［QRコードスキャナ］をタップ👆します

［Chrome］のアプリが起動して、Webページが表示されます

第8章

アプリを使ってみよう

スマートフォンでいろいろなアプリを使ってみましょう。この章では、地図やアラーム、カレンダーなど、普段の生活に役立つアプリの使い方を説明します。また、複数のアプリを切り替えて使ったり、新しいアプリを追加したり、アプリを最新版に更新する方法も解説します。

この章の内容

㊹ スマートフォンでアプリを楽しもう	192
㊺ 目的地を検索しよう	194
㊻ 目的地までの経路を検索しよう	200
㊼ アラームを設定しよう	204
㊽ 予定を管理しよう	208
㊾ アプリを切り替えて使おう	212
㊿ アプリを追加しよう	216
51 アプリを更新しよう	220
52 有料のアプリを利用しよう	222
スマートフォンの「困った！」に答える**Q&A**	228

レッスン 44

◆この章を学ぶ前に◆

スマートフォンでアプリを楽しもう

スマートフォンではさまざまな機能がアプリとして、提供されています。アプリを使いこなせるようになることで、スマートフォンで「できること」が広がります。

定番アプリを使いこなそう

スマートフォンには普段の生活に役立つ便利なアプリが搭載されています。なかでもおすすめなのが地図や経路を検索できる［マップ］、目覚まし時計やタイマーとして使える［時計］、予定を登録して管理できる［カレンダー］です。これらの定番アプリの使い方を覚えておきましょう。

◆マップ
周囲にあるお店を検索したり、目的地までの経路を検索したりできます
　　　　　　→レッスン㊺、㊻

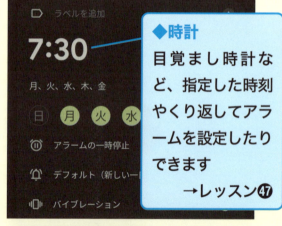

◆時計
目覚まし時計など、指定した時刻やくり返してアラームを設定したりできます
　　　　　　→レッスン㊼

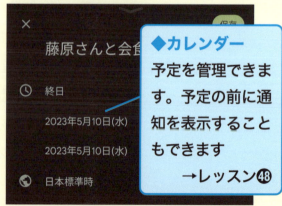

◆カレンダー
予定を管理できます。予定の前に通知を表示することもできます
　　　　　　→レッスン㊽

アプリの便利な操作を身に付けよう

スマートフォンでは複数のアプリを同時に起動して、切り替えながら使うことができます。電話をしながら地図を見たり、Webページを閲覧しながらカレンダーで予定を確認したりと、使い方の幅が広がるので、操作方法を覚えておきましょう。

複数のアプリを切り替えながら使うことができます
→レッスン㊾

アプリをメンテナンスしよう

アプリは後から追加することができます。欲しいアプリを探して、インストールしてみましょう。また、アプリは不具合修正や新機能追加のためにアップデートが提供されます。アプリを最新版に更新する方法も覚えておきましょう。

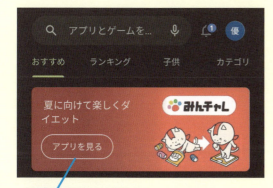

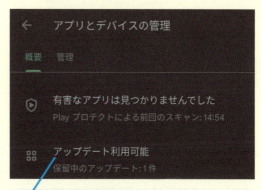

◆アプリの追加
[Playストア]からアプリを追加することができます
→レッスン㊿

◆アプリの更新
スマートフォンにインストールされているアプリを更新することができます
→レッスン㊱

目的地を検索しよう

キーワード　Googleマップ

スマートフォンで地図を確認したり、目的地までの行き方を調べたりしたいときは、[マップ]のアプリを使います。外出や旅行のときに活用しましょう。

操作はこれだけ
タップ ➡20ページ　ダブルタップ ➡20ページ　ドラッグ ➡22ページ

1 [マップ]を起動します

レッスン⓫（44ページ）を参考に、アプリ一覧を表示しておきます

[マップ] をタップします

ヒント

[マップ]のアプリは最新版を使おう

[マップ]のアプリは、最新版に更新することで便利な機能が追加されることがあります。レッスン㉑を参考に、アプリを更新して、最新版を使いましょう。表示される地図データはクラウド上のデータを適宜、ダウンロードして表示するため、自分で更新する必要はありません。最新の地図データを自動的に利用できます。

ヒント

位置情報の［正確］と［おおよそ］って何？

手順2の操作2の画面では、位置情報の許可に加えて、位置情報の精度を［正確］と［おおよそ］の2種類から選択できます。［正確］ではスマートフォンのGPSやネットワークなど、すべての情報から正確に現在地を測位できますが、［おおよそ］では一部の情報しか利用しないため、正確な現在位置を測位できないことがあります。しかし、［おおよそ］にすることで、自分が今いる場所の情報がサービス提供会社のデータ解析に利用されないため、プライバシーを守れるという見方もできます。

2 現在地付近の地図を表示します

［マップ］が起動し、地図が表示されました

❶  をタップ 👆 します

位置情報へのアクセスを確認する画面が表示されました

❷ ［アプリの使用時のみ］をタップ 👆 します

次のページに続く ▶▶▶　できる　195

③ 現在地周辺の地図が表示されました

［マップ］ 📍 が起動し、現在地周辺の地図が表示されました

現在地には青いアイコン ● が表示されます

ヒント
自分が向いている方向が表示される

地図を見るときは、中心の青いアイコンに注目します。青いアイコンが現在地で、アイコンから扇型に表示されている部分が向いている方向を示しています。これにより、目的地との距離や方向を判断できます。

④ 地図の表示を拡大します

拡大する部分をダブルタップ👆します

ヒント
細かく拡大・縮小できる

地図は画面を2本の指で広げるピンチアウトの操作で拡大したり、2本の指でつまむように操作するピンチインの操作で縮小することもできます。目的地などを確認しやすい大きさに調整してみましょう。

ヒント

周辺の飲食店やコンビニをすばやく探せる

検索ボックスの下に表示されている［レストラン］や［コンビニ］などのボタンをタップすると、周辺の施設をすばやく検索できます。ボタンを左方向にスワイプすることで、さらに多くのボタンを表示することもできます。コンビニや駐車場など、近くにある施設をすぐに探したいときに活用しましょう。

5 目的地を検索します

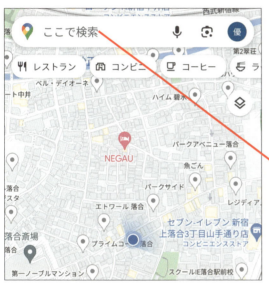

地図の表示が拡大されました

ここでは「鬼子母神」を検索します

❶検索ボックスをタップします

❷「鬼子母神」と入力します

検索候補の一覧が表示されました

❸検索候補をタップします

目的地の検索後、現在地の地図を表示するには、画面右下の◯をタップします。

6 目的地が表示されました

検索した目的地に赤いピン📍が表示されました

目的地をタップ👆します

ヒント

便利な検索方法を覚えよう

検索の内容によっては、複数の候補がピンで表示されます。たとえば、「銀行」で検索すれば、表示されている地図内の銀行の場所が🚾で表示されます。このほか、「ATM」や「トイレ」などでも、複数の候補がピンで表示されます。もっとも近い施設やお店を探すときにも便利です。

「銀行」と入力して検索すると、複数の候補が表示されました

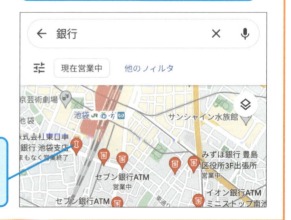

🚾をタップ👆すると、施設や建物などの名前が表示されます

7 目的地の詳細画面が表示されました

目的地によって、表示される情報は異なります

画面を上にドラッグ します

目的地の地図が表示されます

ヒント

詳細画面も活用しよう

目的地によっては、詳細画面からいろいろな操作ができます。店舗や施設の場合、電話をかけたり、営業時間を確認したり、[ウェブサイト]からWebページを表示したりできます。撮影された写真を表示したり、口コミ情報を確認したりすることもできます。

手順7の画面を上にドラッグすると、目的地の詳細情報が続けて表示されます

終わり

目的地までの経路を検索しよう

キーワード　Googleマップ、経路検索

［マップ］のアプリでは場所を検索するだけでなく、目的地までの経路を調べることもできます。電車やバスの乗換案内はもちろん、車や徒歩のナビゲーションもできます。

操作はこれだけ　タップ ➡ 20ページ

1 経路の一覧を表示します

レッスン㊺（194ページ）を参考に、目的地を検索しておきます

 経路 をタップします

ヒント

**［検索ウィジェット］から
すばやく経路を調べられる**

ホーム画面に表示されている［検索ウィジェット］を使って、地図や経路を検索することもできます。目的地で検索すると、検索結果の一覧に地図がいっしょに表示されるので、そこから［経路案内］を選択することで、経路を調べられます。

❷ 移動手段を選択します

目的地までの経路の候補が表示されました

ここでは電車を使った経路を表示します

🚊をタップします

ヒント

車や徒歩の経路も調べられる

移動手段に自動車を選択すると、カーナビゲーションのように利用できます。運転中は操作できませんが、画面経路を表示し、音声で方向を案内してくれます。同様に、徒歩や自転車を選べば、移動手段に合った経路案内を利用できます。

❶ 🚗をタップします

❷ ナビ開始をタップします

❸ 続行をタップします

次のページに続く ▶▶▶

③ 経路を確認します

電車を使った経路の一覧が表示されました

確認する経路をタップ👆します

ヒント
出発地点を指定できる

手順3の画面で［現在地］をタップすると、出発地点を指定して、目的地までの経路を検索できます。移動先の最寄りの駅から、さらに経路を検索したいときなど、任意の地点同士で検索したいときに便利です。

ヒント
出発時刻や到着時刻を指定できる

移動手段に電車を選択した場合、出発時刻や到着時刻を指定して、経路を検索できます。手順3の画面で［出発時刻 XX:XX］をタップ後、［出発］や［到着］を選択し、時刻を設定しましょう。

❶ここをタップ👆します

出発や到着の時刻を指定したり、終電を調べたりできます

4 経路の詳細を表示します

目的地までの地図と経路が表示されました

経路をタップします

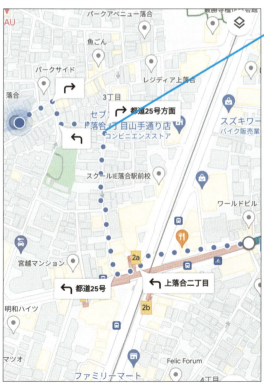

地図上に道順の経路が表示されました

画面の表示を拡大したり、縮小して経路を確認できます

ヒント

歩きスマホに注意しよう

スマートフォンの画面を見ながら歩くことはたいへん危険です。地図を確認したいときは、必ず立ち止まるようにしましょう。地図を見るときだけでなく、ほかのアプリを使うときも歩きながら使うことは絶対に避けましょう。

アラームを設定しよう

キーワード 時計

[時計]のアプリを使ってみましょう。アラーム機能を使うことで、時間や曜日を指定して、音を鳴らすことができます。目覚まし時計代わりに活用してみましょう。

操作はこれだけ　
タップ
➡20ページ

1 時計のアプリを起動します

レッスン⓫（44ページ）を参考に、アプリ一覧を表示しておきます

[時計]をタップします

ヒント

時計のアプリを確認しよう

ここでは例として、[時計]のアプリの使い方を解説します。機種によって、アイコンや画面が異なりますが、基本的な機能や使い方は大きく変わりません。

●ほかの機種の例

時計

アプリを使ってみよう　第8章

204 できる

2 アラームを追加します

❶ 🕐 をタップ👆します

ヒント
機種によって画面が異なることがある

時計のアプリの画面は、機種によって異なります。ここでは時計の針をドラッグして設定しましたが、デジタル時計の数値を上下にスワイプして設定する機種もあります。ただし、使える機能などはほぼ同じです。

アラームの一覧が表示されました

❷ ＋ をタップ👆します

ヒント
タイマーなども利用できる

アプリによっては、時計、タイマー、ストップウォッチなどの機能も搭載されています。画面下のアイコンをタップすることで、機能を切り替えることができます。

次のページに続く ▶▶▶ できる | 205

❸ アラームの時刻を設定します

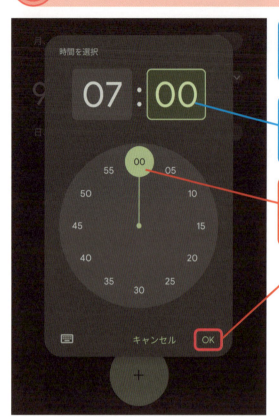

ここでは午前7時にアラームが鳴るように設定します

ここをタップ👆すると分まで設定できます

❶時計をタップ👆して時刻を合わせます

❷ OK をタップ👆します

ヒント

アラーム音を変更できる

手順4の画面で、[デフォルト（新しい一日の始まり）] をタップすると、アラーム音を変更できます。あらかじめ登録されている音に加えて、スマートフォン本体に保存されている音声や音楽配信サービスの曲なども指定できます。

[デフォルト（新しい一日の始まり）] をタップ👆します

④ 続けて、アラームの繰り返しを設定します

47
時計

ここでは平日にアラームが鳴るように設定します

鳴らしたい曜日をそれぞれタップ 👆 します

アラームの設定が完了しました

> **ヒント**
>
> ### 1回だけのアラームを設定するには
>
> アラームを一度だけ鳴らしたいときは、この手順の操作は必要ありません。

> **ヒント**
>
> ### アラームのオンとオフを切り替えられる
>
> 手順2のアラームの一覧画面で、曜日の右側にあるスイッチをタップすると、アラームのオン／オフを切り替えられます。祝日などでアラームを鳴らしたくないときなど、設定を登録したまま、動作を一時的にオフにしたいときに便利です。

▶▶▶ 🏁 終わり　できる 207

レッスン 48 予定を管理しよう

キーワード　カレンダー

スマートフォンで予定を管理してみましょう。人と会う約束やイベントなどの日程を登録できます。予定の前にアラームで通知することもできるので便利です。

操作はこれだけ

タップ
→20ページ

1 ［カレンダー］を起動します

レッスン⓫（44ページ）を参考に、アプリ一覧を表示しておきます

［カレンダー］ をタップします

ヒント

カレンダーのアプリを確認しよう

機種によっては、［カレンダー］のアプリの画面が異なることがありますが、基本的な機能や使い方はほぼ同じです。画面を見ながら操作してみましょう。

●ほかの機種の例

❷ 予定を追加します

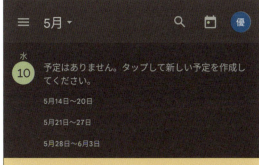

Googleカレンダーの解説画面が表示されたときは左にスワイプして確認しておく

❶ ➕ をタップ 👆 します

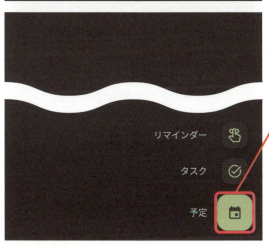

❷ 📅 をタップ 👆 します

ヒント

［リマインダー］や［タスク］って何？

カレンダーのアプリでは、予定以外の情報も管理できます。［リマインダー］は覚えておく必要がある事柄です。一方、［タスク］は仕事や課題などやらなければならない事柄となります。［タスク］はGoogleの［ToDoリスト］のアプリとも連携できます。

③ 予定の名前を入力します

予定を表す見出しを入力します

④ 予定の日付を設定します

❶並んだ日付の、上の日付をタップします

ヒント

時刻が決まっていない予定は[終日]を設定する

記念日など、時刻を設定しない予定のときは、手順4で[終日]をタップして にすることで、1日の予定として登録できます。

❷日付をタップします

ヒント

自動的に予定が追加されることがある

カレンダーには、Googleの他サービスとの連携によって自動的に予定が登録されることがあります。たとえば、ホテルの予約メールや会議の案内メールなどから自動的に予定が登録されることがあります。

⑤ 予定の時刻を設定します

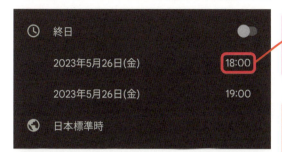

❶並んだ日時の上の時刻をタップ👆します

ヒント
予定時刻の前に通知を表示できる

登録した予定の一定時刻前になると、アラーム音とともに、画面上に予定が通知されます。標準では10分前に通知されますが、手順5の画面を上にドラッグすると、通知の設定を変更できます。

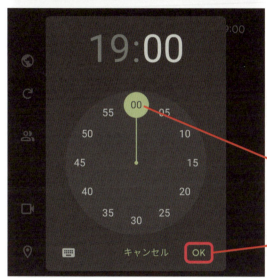

❷時計をタップ👆して時刻を合わせます

❸ OK をタップ👆します

手順4〜5を参考に、下の日付や時刻をタップ👆すると、終了日時が変更できます

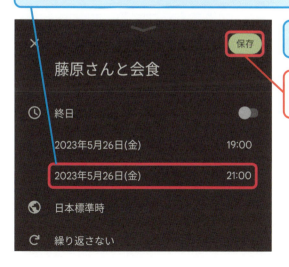

予定を保存します

❹ 保存 をタップ👆します

レッスン 49 アプリを切り替えて使おう

キーワード　アプリの切り替え

複数のアプリを切り替えながら使ってみましょう。電話をしているときにカレンダーを起動して予定を確認したり、Webページを見ながら問い合わせのメールを送ったりできます。

操作はこれだけ
タップ ➡20ページ 　スワイプ ➡21ページ 　ドラッグ ➡22ページ

1 起動したアプリの一覧を表示します

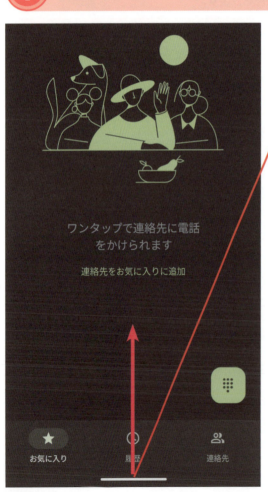

レッスン⑪（44ページ）を参考に、アプリを起動しておきます

ここを下から上にゆっくりドラッグします

3ボタンナビゲーションではアプリの切り替え（□）をタップします

② 起動したアプリの履歴一覧が表示されました

アプリの画面が小さく表示されました

指を離します

これまでに起動したアプリが横に並んで表示されます

ヒント

ホーム画面を表示する操作と間違えないようにしよう

アプリの履歴一覧を表示するジェスチャー操作は、アプリの使用中にホーム画面を表示するジェスチャー操作と似ています。どちらも画面を下から上にスワイプしますが、アプリの一覧画面を表示するときは、ゆっくりと操作し、上まで一気に払うのではなく、途中で止めるイメージで操作するのがコツとなります。

ヒント

機種によってはアプリのアイコンが表示される

機種によっては、画面下部に直前に表示したアプリのアイコンが表示され、そこから使いたいアプリを切り替えられることもあります。

次のページに続く ▶▶▶

③ アプリを切り替えます

ここではレッスン㊽（208ページ）で起動した［カレンダー］に切り替えます

❶右にスワイプ します

アプリの一覧の続きが表示されました

❷［カレンダー］のアプリをタップします

ヒント

アプリをまとめて終了できる

アプリの一覧にゴミ箱のアイコンや［全アプリ終了］［すべて閉じる］などが表示されているときは、タップすることで、すべてのアプリをまとめて終了できます。すべてのアプリを終了すると、一覧に何もアプリが表示されない状態になります。

④ アプリが切り替わりました

アプリが切り替わり、[カレンダー]の画面が表示されました

ヒント

アプリを個別に終了できる

手順4の画面で、アプリのサムネイルを上下、または左右（機種ごとに違う）にスワイプすると、アプリを完全に終了できます。一覧から使わないアプリを消せるだけでなく、動作が不安定なアプリを強制的に終了することもできます。

終了するアプリを上にスワイプします

スワイプしたアプリが一覧から消え、アプリが完全に終了します

▶▶▶ 終わり

アプリを追加しよう

キーワード Playストア

新しいアプリを追加してみましょう。[Playストア] を利用することで、便利なツールやゲームをダウンロードできます。映画や電子書籍のダウンロードにも利用できます。

操作はこれだけ　タップ ➡20ページ

1 [Playストア] のアプリを起動します

ホーム画面を表示しておきます

[Playストア] をタップします

ヒント

最新版のアプリを使うようにしよう

[Playストア] のアプリは、最新版を利用しましょう。最新版への更新によって、画面のレイアウトなどが変わることがありますが、アプリを検索したり、ダウンロードしたりする方法はほぼ同じです。表示された画面で、検索ボックスなどを探して、操作しましょう。

アプリを使ってみよう　第8章

② アプリを検索します

検索の画面を表示します

❶ここをタップ します

ヒント

アップデート画面が表示されたときは

［Playストア］のアプリ起動時に「Google Play開発者向けサービス」のアップデート画面が表示されることがあります。これはアプリからGoogleのサービスを使うために必要なサービスです。Googleが提供するものなので、安心してアップデートしましょう。

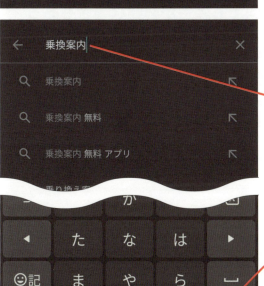

検索の画面が表示されました

❷検索するアプリのキーワードを入力します

❸ 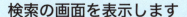 をタップ します

次のページに続く ▶▶▶ できる 217

③ アプリの詳細画面を表示します

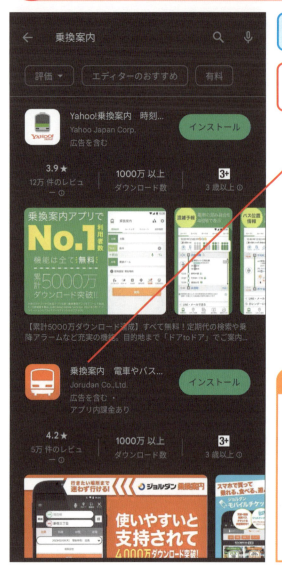

アプリの検索結果が表示されました

アプリ名をタップ 👆 します

ヒント
無料でも課金が必要な場合もある
基本的に無料で使えるアプリでも追加の機能を利用するときに料金が必要になるアプリがあります。このようなアプリには、[インストール] ボタンの下に [アプリ内課金あり] と表示されます。

ヒント
アプリの信頼性を確認するには
アプリの中には不正に個人情報を取得しようとする悪質なものがあります。インストールする前に、アプリの詳細画面で評価やコメントを確認したり、データセーフティの項目でスマートフォン上のどのようなデータが共有されるのかを確認しましょう。サービス名やロゴなどを真似た偽アプリにも注意しましょう。

④ アプリをインストールします

アプリの詳細画面が表示されました

インストール をタップします

画面を上にドラッグ すると、利用者のコメントや評価が表示されます

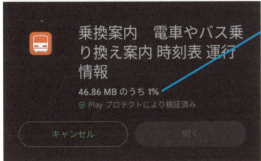

インストールが終了するまで待ちます

⑤ アプリがインストールされました

アプリがインストールされ、アンインストール と表示されました

開く をタップすると、インストールしたアプリが起動します

アプリを更新しよう

キーワード アプリとデバイスの管理

アプリによっては、ダウンロード後に、改良版が公開される場合があります。不具合が解消されたり、新機能が追加されたりするのですみやかに更新しておきましょう。

操作はこれだけ

タップ ➡20ページ

1 [アプリとデバイスの管理] の画面を表示します

レッスン㊿（216ページ）を参考に、[Playストア] を起動しておきます

❶ 優 をタップします

[Playストア] のアプリのメニューが表示されました

❷ アプリとデバイスの管理 をタップします

ヒント

基本的に自動で更新される

アプリは基本的にWi-Fi接続時に自動的に更新されます。このため、このレッスンの操作をしなくてもアプリが最新版に更新されていることがあります。

② アプリを更新します

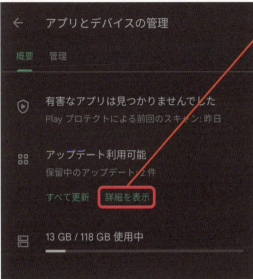

❶ 詳細を表示 をタップします

ヒント

データ通信料が気になるときは

容量の大きなアプリやたくさんのアプリを一度に更新すると、データ通信量が増えてしまうことがあります。Wi-Fi接続時に更新すれば、データ通信量を無駄に消費しないため、月々のデータ通信量を節約できます。外出先で更新するときは、公衆無線LANサービスなどを活用しましょう。

❷ すべて更新 をタップします

ヒント

複数のアプリをすばやく更新できる

ここでは更新可能なアプリの一覧を確認してから更新していますが、手順2で［すべて更新］をタップすることで、一覧を確認せずに、まとめて更新することもできます。

すべて更新 をタップします

アプリがまとめて更新されます

有料のアプリを利用しよう

キーワード **コードを利用**

スマートフォンで利用できるアプリには、無料と有料の2種類があります。有料のアプリを購入する方法を解説します。ここでは、プリペイドカードを使った購入方法を紹介します。

操作はこれだけ　タップ ➡20ページ

Google Playギフトカードの利用

1 [コードの利用]の画面を表示します

レッスン㊶（220ページ）を参考に、[Playストア] ▶ のメニューを表示しておきます

❶ お支払いと定期購入 をタップします

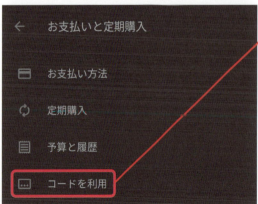

❷ コードを利用 をタップします

② Google Playギフトカードのコードを入力します

◆ Google Play ギフトカード

❶ 裏面のラベルを削ってコードを確認します

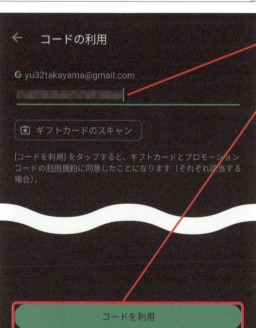

❷ コードを入力します

❸ コードを利用 をタップします

ヒント

Google Playギフトカードはどこで買えるの？

Google Playギフトカードはコンビニエンスストアや家電量販店、オンラインストアなどで購入できます。はじめから金額が決まっているカードと、一定の範囲内で金額を自由に設定できるカードの2種類があります。購入時は金額をよく確認しましょう。

入金の確認画面が表示されました

❹ 確認 をタップします

次のページに続く ▶▶▶

3 支払先の情報を入力します

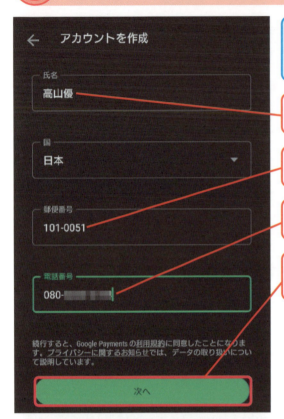

支払い先の情報を入力する画面が表示されました

❶氏名を入力します

❷郵便番号を入力します

❸電話番号を入力します

❹ 次へ をタップします

入金額の確認画面が表示されました

❺ 後で をタップします

有料のアプリの購入

1 購入するアプリを表示します

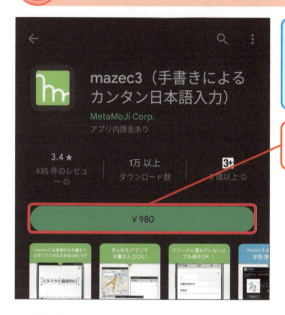

レッスン㊿（216ページ）を参考に、購入するアプリの詳細画面を表示しておきます

￥980 をタップ します

2 アプリの購入を実行します

アプリが利用する情報が画面に表示されました

購入 をタップ します

ヒント
一定時間内なら払い戻しができる

間違ったアプリを購入したり、購入したアプリが思っていたものと違っていたりしたときは、48時間以内であれば、［払い戻し］をタップすることで、無条件に払い戻しができます。

③ Googleアカウントのパスワードを入力します

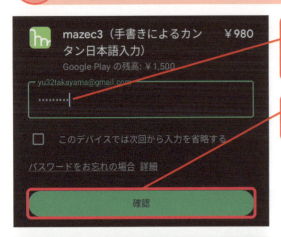

❶ Googleアカウントの
パスワードを入力します

❷ 確認 をタップ します

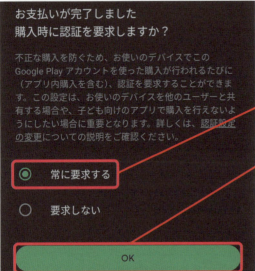

アプリ購入時のパスワード入力に
関する設定画面が表示されました

❸ 常に要求する をタップ します

❹ OK をタップ します

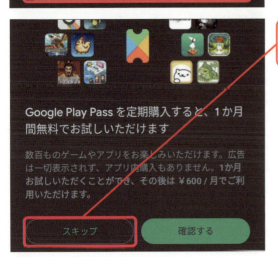

❺ スキップ をタップ します

ヒント

クレジットカードなどの支払い方法も利用できる

有料のアプリの支払いには、クレジットカードや携帯電話会社の決済代行が利用できます。支払い方法を変更するには、以下のように［お支払い方法］の画面を表示し、支払い方法を選択して、必要な情報を登録します。携帯電話会社の決済代行を使うときは、電話番号や名前などの請求先情報を登録することで、毎月の携帯電話利用料金といっしょに支払えるようになります。

> 225ページの手順1を参考に、アプリの購入を確認する画面を表示しておきます

> ［お支払い方法］の画面が表示されました

> 契約している携帯電話会社やMVNOによって、利用できる支払い方法は変わります

●支払い方法と内容

支払い方法	内容
カードを追加	クレジットカードやデビットカードで支払えます
○○○払いを追加	NTTドコモ、au、ソフトバンク、ワイモバイルなどと契約している場合に利用できます。購入代金は月々の利用料金に合算して請求されます
PayPalを追加	オンライン決済サービスのPayPalを使って支払えます
コンビニで支払う	ファミリーマートやデイリーヤマザキなどのコンビニで支払えます

スマートフォンの「困った！」に答えるQ&A

Q ホーム画面のアプリを整理したい！

A フォルダにまとめて整理しましょう

ホーム画面にたくさんのアプリが配置されると使いにくくなってしまいます。フォルダを使ってアプリをまとめておきましょう。たとえば、「連絡用」などのジャンルや「Google」などのメーカーでまとめたりすると便利です。フォルダにまとめたアプリは、フォルダをタップすることで表示できます。

ここでは [Gmail] と [Play ストア] を同じフォルダにまとめます

❶ M をロングタッチ します

❷ ▶ までドラッグ します

同じフォルダにまとめられました

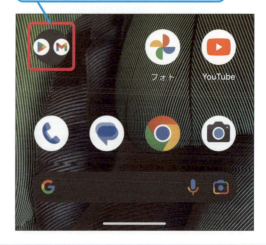

アプリを削除したい

 [Playストア]のアプリから削除できます

使わなくなったアプリや不要なアプリは、[Playストア]のアプリにある[アプリとデバイスの管理]画面から削除できます。なお、有料のアプリは、削除しても、再インストールするときに再び課金することなくインストールできます。

❶ 管理 をタップします

ここでは[PayPay]を削除します

❸ 🗑 をタップします

❹ アンインストール をタップします

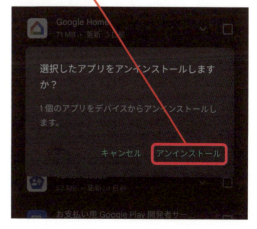

スマートフォンの「困った！」に答える**Q&A**

検索した目的地に目印を付けたい

A 目的地を［リスト］に保存しましょう

検索した地点は、以下のように保存することで、［リスト］に追加されます。保存した地点は、［保存済み］のリストからすぐに表示できるので、友だちの家や取引先など、よく検索する地点を登録しておくと便利です。

●目的地の保存

レッスン㊺（194ページ）を参考に、目的地の詳細情報を表示しておきます

❶ 保存 をタップします

❷ □をタップします

❸ 完了 をタップします

●保存した目的地の表示

□をタップすると、保存した目的地が表示されます

目的地の場所や情報を相手に教えるには

 [共有]のメニューからメールや
SNSのアプリを選びましょう

[マップ]のアプリで調べた目的地を友だちや待ち合わせの相手に知らせたいときは、検索した目的地を共有します。以下のような手順で目的地の情報を送信すると、相手も同じ目的の地図を表示できます。ここではGmailを使ってメールで送信していますが、＋メッセージやSMS、LINEなどでも送信することができます。

レッスン㊺（194ページ）を参考に、目的地の詳細画面を表示しておきます

目的地情報の送信や記録ができるアプリが表示されました

❶ ⋮ をタップ👆します

❷ 場所を共有 をタップ👆します

❸ ⋯ をタップ👆します

❹ Ⓜ をタップ👆します

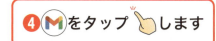

URLが入力されたメールの作成画面が表示されます

スマートフォンの「困った！」に答える Q&A

 表示された画面をメモ代わりに保存したい

 「スクリーンショット」機能を使います

Webページの情報や地図など、画面に表示された情報を記録しておきたいときは、スクリーンショット機能を使って、画像として保存しておくと便利です。保存した画像は、[写真]のアプリからも表示することができます。

ここでは画面に表示されたWebページを画像として保存します

保存の通知をタップすると、保存された画像が表示されます

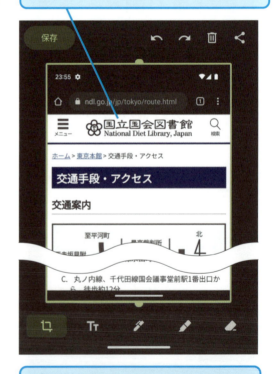

電源キーと音量キーの下方向を同時に長押しします

アプリの選択画面が表示されたときは、画像の表示に利用するアプリをタップしましょう

アプリを使ってみよう　第8章

232　できる

第9章

LINEを使ってみよう

友だちや家族とのコミュニケーションを楽しめるだけでなく、自治体などの行政手続きにも活用されている「LINE」を使ってみましょう。この章では、LINEの概要と基本的な使い方を解説します。

この章の内容

53	LINEでできることを知ろう	234
54	LINEを使うには	236
55	友だちを追加しよう	242
56	トークでやり取りしよう	246
57	グループに参加しよう	248
58	電話のように音声でやり取りしよう	250
59	アカウントを移行するには	252
	スマートフォンの「困った！」に答える**Q&A**	256

レッスン 53 LINEでできることを知ろう

◆この章を学ぶ前に◆

LINEは文字のメッセージをやり取りしたり、音声通話をしたりできるコミュニケーションツールです。まずは、LINEで何ができるのかを確認しておきましょう。

友だちとのトークが楽しめます

LINEを使うと、友だちへ手軽にメッセージを送ることができます。あいさつや雑談、各種連絡などに活用してみましょう。複数の友だちが参加するグループを活用することで、同窓会や趣味の集まりなどの連絡用にも使えます。

◆友だちとのトーク
知人などを友だちリストに追加して、トークでメッセージのやり取りができます
　　　　　　　　→レッスン㊺、㊻

◆複数の友だちとグループでトーク
複数の友だちが登録されているグループに参加してやり取りできます
　　　　　　　　→レッスン㊼

友だちと電話のように会話できます

LINEでは文字だけでなく、音声や映像を使ったコミュニケーションも楽しめます。電話のようにリアルタイムに声で通話したり、スマートフォンのカメラを使って、お互いの顔を映しながら会話したりできます。

電話のように音声でやり取りができます
→レッスン㉘

LINEのアカウントを古いスマートフォンから移行できます

すでに今まで使っていた古いスマートフォンでLINEを使っていた場合は、そのアカウントやデータを新しいスマートフォンに移行することができます。登録されている友だちなどはそのままに新しいスマートフォンでもLINEを使えます。

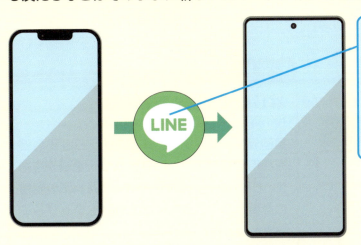

機種変更などでスマートフォンを買い替えたときにLINEアカウントを移行できます
→レッスン㉙

レッスン 54 LINEを使うには

キーワード 新規登録

LINEを使うには、アプリのインストールやサービスへの登録が必要です。まずは、LINEを使うための設定をしておきましょう。

操作はこれだけ　タップ ➡20ページ

1 LINEの新規登録を実行します

レッスン㊿（216ページ）を参考に、[LINE]のアプリをインストールしておきます

❶ [LINE]をタップします

[LINE]のアプリが起動しました

❷ 新規登録 をタップします

ヒント
はじめて起動したときは

初回起動時に、LINEのアプリから各種情報を利用する許可が求められます。電話や連絡先、SMSの利用など、いずれもLINEの利用に必要なので、すべて［許可］をタップしておきましょう。

❷ 登録に利用する電話番号を入力します

❶ 表示されている電話番号を確認します

ヒント

すでにLINEを使っているときは

古いスマートフォンですでにLINEを使っていた場合は、設定を引き継ぐことができます。レッスン㊾を参考に、移行作業をしましょう。

❷ → をタップ👆します

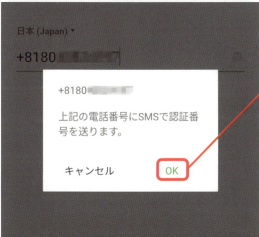

❸ OK をタップ👆します

登録に使う電話番号にSMSが送信されます

注意 認証番号の入力画面が表示されたときは、SMSで受信した認証番号を入力します

③ LINEアカウントの新規作成を開始します

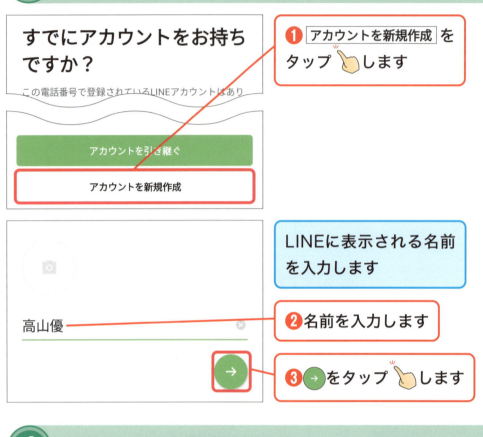

④ パスワードを登録します

⑤ 連絡先の追加方法を設定します

54 新規登録

友だち追加設定

以下の設定をオンにすると、LINEは友だち追加のためにあなたの電話番号や端末の連絡先を利用します。詳細を確認するには各設定をタップしてください。

✓ 友だち自動追加
✓ 友だちへの追加を許可

❶ ［友だち自動追加］に✓が付いていることを確認します

❷ ［友だちへの追加を許可］に✓が付いていることを確認します

❸ →をタップします

連絡先へのアクセスの許可を求められたら、許可しておきます

ヒント

［友だち追加設定］って何？

［友だち自動追加］はスマートフォンの連絡先に登録されている人の中から、すでにLINEを使っている人を自動的にLINEの友だちに登録する機能です。また、［友だちへの追加を許可］をオンにすると、他の人がLINEの［友だち自動追加］を有効にしたときに、自分のLINE IDが自動的に相手に登録され、メッセージのやり取りや通話ができるようになります。通常はオンのままで問題ありませんが、家族など限られた人としかLINEを使わないときはオフで使うこともできます。自動的に友だちを登録したり、相手に登録されたりしたくないときは、タップしてオフにしておきましょう。

次のページに続く ▶▶▶ できる | 239

6 年齢確認を実行します

ここでは年齢確認を省略します

> **ヒント**
>
> ### 年齢確認って何？
>
> LINEでは未成年の利用を制限するため、登録時に年齢確認をしています。年齢確認に対応した携帯電話会社を利用しているときは、該当するボタンをタップして、年齢確認を実行しましょう。なお、一部の携帯電話会社の場合は年齢確認ができません。年齢確認をしなくてもLINEを使えますが、電話番号やIDの検索で友だちを追加できません。

❶ あとで をタップ します

情報利用に同意を求める画面が表示されました

❷ 同意する をタップ します

位置情報の利用に同意を求める画面が表示されました

❸ OK をタップ します

7 連絡先への友だちの追加を省略します

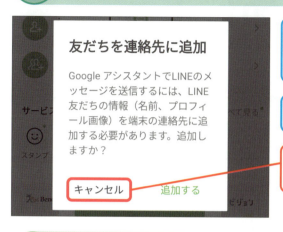

LINEの友だちを連絡先に追加するかどうかを選択します

ここでは追加せずに手順を進めます

[キャンセル]をタップします

8 通知とバッテリー使用量の設定をします

❶ [通知をオンにする]をタップします

通知の送信の許可が求められたら、許可しておきます

❷ [変更する]をタップします

[LINE]のアプリの初期設定が完了します

▶▶▶ 終わり

友だちを追加しよう

キーワード　友だち追加

LINEでメッセージをやり取りするには、友だちを登録する必要があります。友だちはいろいろな方法で登録できますが、ここではQRコードを使って登録する方法を説明します。

操作はこれだけ　タップ ➡20ページ

1 [友だち追加] の画面を表示します

[LINE] のアプリを起動しておきます

❶ 🏠 をタップします

❷ 👤+ をタップします

ヒント

友だちを自動追加したときは

LINEの初期設定で[友だち自動追加]を有効にしたときは、スマートフォンの[連絡帳]に登録されている人のうち、LINEを使っている人が自動的に友だちとして登録されます。登録済みの相手は手順1の画面で[友だちリスト]の右側に表示されている[すべて見る]をタップすることで確認できます。メッセージをやり取りしたい人がすでに登録されているときは、追加する必要はありません。登録されていない場合は、左上の く をクリックして、手順1の画面に戻り、登録作業を進めましょう。

ヒント

自分のQRコードを表示するには

他の人に登録してもらいたいときは、手順2の画面で［マイQRコード］をタップします。自分のQRコードが表示されるので、相手に読み取ってもらいましょう。

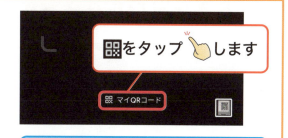

2 QRコードを読み取ります

［友だち追加］の画面が表示されました

❶［QRコード］🔲をタップ👆します

［写真と動画の撮影］［写真と動画へのアクセス］の許可を求められたら許可します

❷相手のQRコードをカメラで読み取ります

③ 友達を友だちリストに追加します

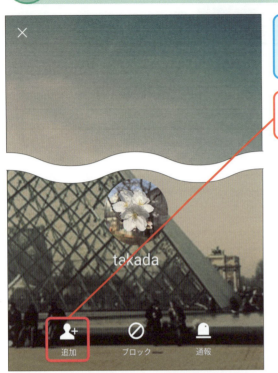

相手のLINEアカウントが表示されました

❶ をタップします

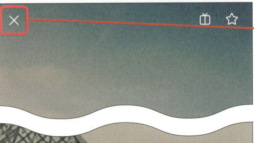

❷ ✕ をタップします

> **ヒント**
>
> ### IDや電話番号で追加するときは注意しよう
>
> 友だちはIDや電話番号を検索して登録することもできます。ただし、IDや電話番号で登録するときは、間違って似たIDや電話番号の別の人を登録してしまう可能性があるため、画面に表示された名前やアイコンなどをよく確認してから登録しましょう。

4 友だちリストを表示します

[友だち追加]の画面に戻りました

❶ 友だち追加 をタップします

❷ 友だち をタップします

[友だちリスト]に追加した友だちが表示されました

> **ヒント**
>
> ### LINEの画面構成を確認しよう
>
> [LINE]のアプリでは、下部の5つのアイコンで機能を切り替えます。🏠（ホーム）は全体的な情報の確認、💬（トーク）は友だちやグループとの会話、▶（VOOM）は近況の投稿や参照、📰（ニュース）は最新ニュースの表示、📅（ウォレット）はLINE Payを使った支払いなどができます。また、[ホーム]画面の右上にある歯車のアイコンから設定画面を表示できます。

▶▶▶ 🏁 終わり　できる | 245

トークでやり取りしよう

キーワード　トーク

友だちとメッセージをやり取りしてみましょう。メッセージのやり取りには［トーク］を使います。あいさつや雑談など、気軽にメッセージを送ってみましょう。

操作はこれだけ　タップ ➡20ページ

1 トークの画面を表示します

❶ 🏠 をタップします

❷ 友だち をタップします

［友だちリスト］が表示されました

❸メッセージ（トーク）を送信する友だちをタップします

246 できる

② メッセージを送信します

友だちの詳細画面が表示されました

❶💬をタップします

トークの画面が表示されました

❷相手へのメッセージを入力します

❸▶をタップします

相手に送ったメッセージが表示されました

ヒント

メッセージが読まれたことを確認できる

自分のメッセージを相手が読むと、メッセージの左に［既読］と表示されます。

ヒント

直近で受信したメッセージを確認するには

LINEでは過去にやり取りしたメッセージが相手ごとに保存されます。画面下の［トーク］をタップして相手を選択すると確認できます。

グループに参加しよう

キーワード　グループ参加

LINEでは複数のユーザーで会話を楽しめるグループを利用できます。自分で作成することもできますが、ここでは他のグループに招待された場合の参加方法を紹介します。

操作はこれだけ
タップ
➡20ページ

1 参加するグループを選択します

❶ 💬 をタップします

❷ グループ名をタップします

ヒント
参加しているグループを確認するには

自分がどのグループに参加しているのかは、画面下部の［ホーム］から［友だちリスト］の［グループ］をタップすることで確認できます。

② グループのメンバーを選択します

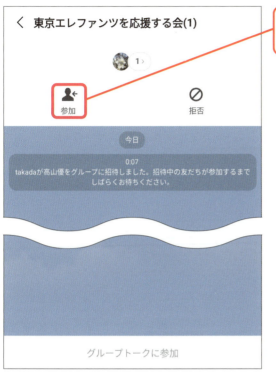

をタップします

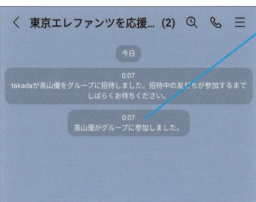

グループに参加しました

友だちとのトークのように、メッセージを送受信できます

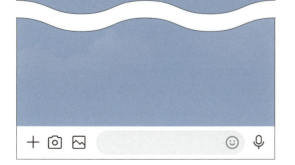

電話のように音声でやり取りしよう

キーワード　音声通話

LINEではメッセージのやり取りに加えて、音声通話も可能です。データ通信量のみで、登録されている友だちと声や映像を使ったコミュニケーションを楽しめます。

操作はこれだけ

タップ　➡20ページ

1 音声通話を開始します

レッスン㊶（246ページ）を参考に、友だちの詳細画面を表示しておきます

📞をタップします

ヒント

ビデオ通話もできる

LINEは相手の映像を見ながら通話できる［ビデオ通話］にも対応しています。手順1で［ビデオ通話］をタップし、相手が応答すると、映像が表示されます。

② 音声通話が開始されました

相手が応答すると、通話時間が表示され、音声通話が開始されます

通話をやめるときは、✕ をタップ👆します

ヒント

音声通話を受けるには

相手から通話のリクエストが届くと、相手の名前が表示された着信画面が表示されます。名前を確認し、通話するときは［応答］をタップしましょう。手が離せないときなど、相手からの着信に応答できなかったときは、トークに着信があったことが表示されます。

●スマートフォンの操作中

通話するときは 応答 を、通話しないときは 拒否 をタップ👆します

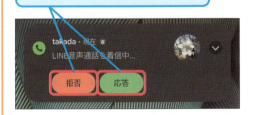

●画面ロック中

通話するときは📞を、通話しないときは✕をタップ👆します

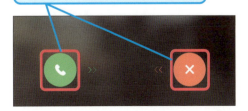

アカウントを移行するには

キーワード かんたん引き継ぎQRコード

機種変更などでスマートフォンを買い替えたときは、LINEの設定やデータを元のスマートフォンから移行できます。ここではQRコードを使った移行方法を紹介します。

操作はこれだけ

タップ → 20ページ

移行元のスマートフォンの操作

1 かんたん引き継ぎQRコードを表示します

移行元のスマートフォンで［LINE］のアプリを起動しておきます

❶ ⚙ をタップ👆します

［設定］の画面が表示されました

❷ かんたん引き継ぎQRコード を タップ👆します

QRコードが表示されるので、画面をそのままにしておきます

第9章 LINEを使ってみよう

252 できる

ヒント

操作する機種を意識しよう

LINEのアカウントの移行では、移行元のスマートフォンと新しいスマートフォンを交互に操作します。紙面の見出しに注意して、間違えないように操作しましょう。

新しいスマートフォンの操作

2 かんたん引き継ぎQRコードの読み取り画面を表示します

新しいスマートフォンで［LINE］のアプリを起動しておきます

❶ ログイン をタップします

ヒント

アプリを最新版にしておこう

移行する際は、新旧両方のスマートフォンで［LINE］のアプリを最新版にしておく必要があります。事前に更新しておきましょう。

ここではQRコードでLINEのアカウントを移行します

❷ QRコードでログイン をタップします

次のページに続く ▶▶▶ できる 253

③ かんたん引き継ぎQRコードを読み取ります

以前の端末のQRコードをスキャン

以前の端末でLINEアプリを開いて、[設定]＞[かんたん引き継ぎQRコード]でQRコードを表示して、この端末でスキャンしてください。※この機能を利用するには、ネットワーク接続が必要です。

QRコードをスキャン

❶ QRコードをスキャン をタップします

❷ 移行元のスマートフォンに表示されたQRコードを読み取ります

移行元のスマートフォンの操作

④ 移行を許可します

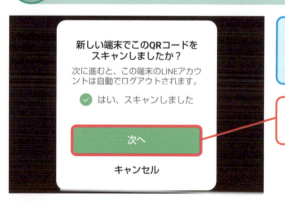

移行元のスマートフォンで移行を許可します

次へ をタップします

新しいスマートフォンの操作

⑤ LINEのアカウントの移行を完了します

高山優としてログイン

このアカウントを使用するには、[ログイン]をタップしてください。

タップすると、以前の端末からこのアカウントが削除されます。

ログイン

表示されたアカウントを確認します

❶ ログイン をタップ 👆 します

Googleアカウントを選択

トーク履歴がバックアップされたGoogleアカウントを選択してください。

トーク履歴を復元

スキップ

❷ スキップ をタップ 👆 します

年齢確認の画面が表示されるので、レッスン❺❹（236ページ）の手順6を参考に、操作を進めます

ヒント

移行元のスマートフォンが手元にないときは

紛失や故障などで、移行元のスマートフォンが手元にないときは、LINEに登録された電話番号とパスワードを使って移行することもできます。新しいスマートフォンでLINEにログイン後、初期設定画面の［アカウントを引き継ぐ］（238ページの手順3）から操作しましょう。ただし、初期設定時に登録したパスワードがわからないと移行できません。

▶▶▶ 🏁 終わり できる 255

スマートフォンの「困った！」に答えるQ&A

トークの通知を切りたい！

個別に通知をオフにできます

LINEにたくさんの友だちやグループが登録されると、スマートフォンに頻繁に通知が表示されます。LINEでは友だちやグループごとに通知のオン／オフを設定できるので、不要な友だちやグループは、以下のように通知をオフにしておきましょう。通知が減ることで、スマートフォンのバッテリー消費も節約できます。

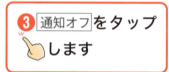

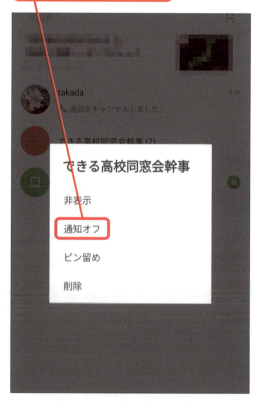

トークで写真を送るには

A トークの画面から写真の一覧を表示して送信します

LINEでは、トークを使って友だちと写真をやり取りすることもできます。メッセージの入力欄にある写真のアイコンから、送信したい写真を選んで投稿しましょう。メッセージと同様にトーク画面上で相手も写真を見ることができます。写真だけでなく、動画も投稿できます。また、投稿された写真や動画をダウンロードすることもできます。

レッスン㊾（246ページ）を参考に、トークの画面を表示しておきます

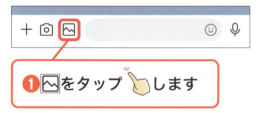

❶ 🖼 をタップ 👆 します

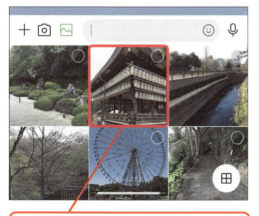

❷ 送る写真をタップ 👆 します

❸ ▶ をタップ 👆 します

できる | 257

スマートフォンの「困った！」に答える Q&A

Q LINEのスタンプを利用するには

A トークでスタンプの一覧を表示します

LINEで使われるスタンプは、文字のメッセージの代わりに、感情や簡単なあいさつなどを相手に伝えられる便利な機能です。以下のように、トーク中に一覧から選ぶことで、トーク画面に貼り付けられます。スタンプはスタンプショップを利用することで、無料のものや有料のものを後から追加できます。

レッスン㊱（246ページ）を参考に、トークの画面を表示しておきます

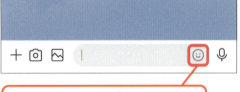

❶ 😊 をタップ 👆 します

スタンプの一覧が表示されました

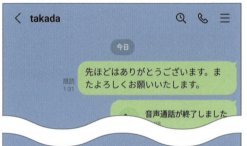

❷ スタンプの分類をタップ 👆 します

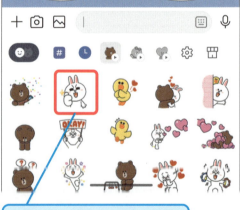

スタンプをタップ 👆 すると、トークにスタンプを送信できます

第10章

もっとスマートフォンを活用しよう

スマートフォンの基本的な使い方をひと通り覚えたら、さらに便利な使い方に挑戦してみましょう。この章では、スマートフォンのアプリや決済機能、周辺機器の接続、パソコンとの連携など、スマートフォンをさらに活用するための方法を解説します。

この章の内容

60	便利な機能・アプリを使いこなそう	260
61	写真を手軽に見た目よく補正しよう	262
62	スマートフォン決済を使いたい	266
63	Bluetoothイヤホンを使いたい	272
64	クイック設定を自分好みに設定したい	274
	スマートフォンの「困った！」に答えるQ&A	276

◆この章を学ぶ前に◆

レッスン 60 便利な機能・アプリを使いこなそう

スマートフォンには、非常にたくさんの機能が搭載されています。ここでは、そんな機能の中でも、知っていると役立つ機能やアプリを紹介します。

簡単な操作で写真を編集できます

スマートフォンで撮影した写真は壁紙に設定したり、SNSに投稿したりできますが、写真を編集してみましょう。たとえば、撮影した写真の背景に余計なものが写り込んでいたり、主な被写体の位置が合わないときは、写真の必要な部分だけを切り抜くことができます。簡単な操作で編集ができるので、ぜひ活用しましょう。

写真にカーブミラーが写り込んでいます

編集してカーブミラーが入らないように切り抜けます
→レッスン㊶

スマートフォン決済が利用できます

スマートフォンを「おさいふ」代わりに活用してみましょう。スマートフォンはさまざまな決済サービスに対応していますが、なかでもQRコードを使った決済サービスが便利です。小規模な商店や飲食店などでも使われているため、使い方を覚えておくと、普段の買い物で活用できます。

QRコードを使ったスマートフォン決済が利用できます
→レッスン㉒

周辺機器との接続やもっと使いやすい設定ができます

スマートフォンに周辺機器を追加してみましょう。たとえば、Bluetoothでワイヤレスのイヤホンを接続することで、音楽を楽しめるようになります。また、クイック設定を活用することで、便利な機能をすばやく使えるようにカスタマイズできます。

Bluetoothイヤホンとペアリングできます
→レッスン㉓

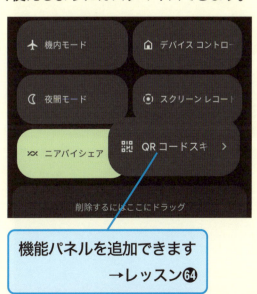

機能パネルを追加できます
→レッスン㉔

写真を手軽に見た目よく補正しよう

キーワード 🔑 写真の編集

撮影した写真の背景に人物や看板など、余計なものが写り込んでしまった経験はないでしょうか。編集機能を使い、写真の必要な部分を切り抜いてみましょう。

操作はこれだけ	タップ ➡20ページ	ドラッグ ➡22ページ	ピンチアウト ➡23ページ

1 写真の編集を開始します

レッスン㊶（176ページ）を参考に、編集したい写真を表示しておきます

ここでは、カーブミラーが入らないように、写真を切り抜きます

❶ をタップします

❷ ここを左にドラッグして、切り抜きで止めます

② 必要な部分を切り抜きます

切り抜きの画面が表示されました

> **ヒント**
>
> ### 写真を簡単に補正できる
>
> 手順1の下の画面に表示されている［ダイナミック］［補正］［ウォーム］［クール］というボタンを利用すると、ワンタップで写真の雰囲気や見栄えを変更できます。その場ですぐに結果を確認できるうえ、取り消すこともできるので、気軽に試してみるといいでしょう。

カーブミラーが入らないようにここをドラッグします

> **ヒント**
>
> ### 写真を回転することもできる
>
> 手順2の画面で のアイコンをタップすると、写真を左へ90度ずつ回転させることができます。［保存］をタップし、［コピーとして保存］を選べば、元の写真を変更せずに、新しい写真として保存できます。

次のページに続く ▶▶▶ できる | 263

③ 編集後の写真を保存します

カーブミラーが入らないように写真を切り抜けました

> **ヒント**
>
> **縦横比を決めて、切り抜くこともできる**
>
> 手順3の画面で▣のアイコンをタップすると、写真の縦横を決めて、切り抜くことができます。元のアスペクト比だけでなく、「4:3」や「16:9」などの比率が選べます。

コピーを保存 をタップ👆します

「保存しました」と表示され、編集後の写真が別に保存されました

> **ヒント**
>
> **編集前の写真も残る**
>
> 編集した写真は、元の写真とは別のコピーとして保存されます。このため、編集前のオリジナルの写真が失われることはありません。安心して編集しましょう。

ヒント

「消しゴムマジック」で余計な部分が消せる

写真に写り込んだ人物や看板などは、「消しゴムマジック」を使って、消すことができます。「消しゴムマジック」はGoogleのPixelシリーズで利用できる機能ですが、Googleの有料サービス「Google One」を契約していると、Googleフォトで利用できます。また、他機種でも同様の機能が搭載されていることがあります。

262ページの手順1を参考に、編集ツールを表示しておきます

❶ここを左にドラッグして、ツールで止めます

❷ 🩶 をタップします

❸拡大する部分をピンチアウトします

❹消したい個所を指でなぞって囲みます

なぞった個所が消えました

レッスン 62 スマートフォン決済を使いたい

キーワード 🔑 PayPayの登録と利用

スマートフォンでお店などの支払いができるようにしてみましょう。ここでは、QRコードやバーコードを使った決済サービス「PayPay」の使い方を説明します。

| 操作はこれだけ | タップ ➡20ページ  |

PayPayの新規登録

1 [PayPay] を起動します

レッスン⓫ (44ページ) を参考に、アプリ一覧を表示しておきます

❶ 🅿 をタップ 👆 します

ヒント

PayPayのアプリをインストールするには

PayPayのアプリは、Playストアで「PayPay」と検索するか、以下のQRコードを読み取ってインストールできます。

●PayPay-ペイペイ

❷ 新規登録 をタップ 👆 します

❷ 電話番号とパスワードを入力します

PayPayの新規登録に必要な情報を入力します

❶ 電話番号を入力します

❷ パスワードを入力します

❸ 上記に同意して新規登録 をタップ👆します

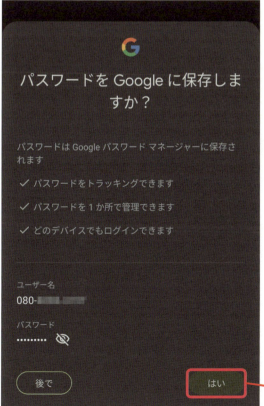

❹ はい をタップ👆します

ヒント

[Googleパスワードマネージャー]って何？

手順2の下の画面に表示されているのは、[Googleパスワードマネージャー]というスマートフォンの機能です。画面に入力したユーザー名とパスワードを記憶し、次回、自動的に入力してくれます。パスワードは暗号化されて保管されるので安全して使えます。

次のページに続く ▶▶▶

③ 認証コードを入力します

SMSを受信できる＋メッセージなどのアプリを起動して、認証コードを確認します

❶認証コードを入力します

❷閉じるをタップします

支払い方法の解説が表示されるので、右上の×をタップしておきます

広告IDの解説が表示されるので、閉じるをタップしておきます

プッシュ通知を設定するかどうかを聞かれるので、設定するときは［プッシュ通知をオンにする］、設定しないときは閉じるをタップします

PayPayのチャージ

1 チャージを開始します

ここではコンビニエンスストアのATMからチャージします

❶ [チャージ] をタップします

ヒント
自分に合ったチャージ方法を使おう

PayPayの残高のチャージ方法は、ここで選んでいるATMのほかに、銀行口座やクレジットカード、PayPayカードなどが選べます。自分の使い方に合わせて、チャージ方法を使いましょう。ただし、今後、チャージ方法が変更される可能性があるので、最新情報を確認しましょう。

チャージ方法を選択する画面が表示されました

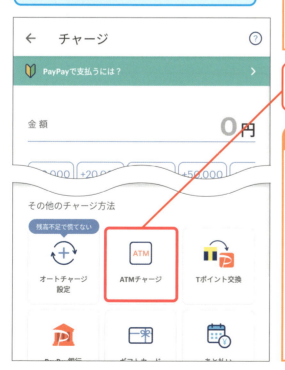

❷ ATMをタップします

ヒント
他のキャッシュレス決済を使うには？

同様のスマートフォン決済は、NTTドコモが「d払い」、auが「au PAY」、楽天モバイルが「楽天ペイ」を提供しています。いずれもアプリをインストールして、同じように初期設定をする必要があります。各サービスのWebページで導入方法を確認してみましょう。

次のページに続く ▶▶▶

❷ 企業番号を入力します

❶ ATMの画面で［スマートフォンでの取引］をタップします

QRコードが表示されます

❷ スマートフォンのカメラでATMに表示されたQRコードを読み取ります

企業番号が表示されました

❸ ATMの画面で企業番号を入力します

❹ ATMの画面で金額を入力し、チャージを実行します

チャージ完了 と表示され、入力した金額がチャージされました

❺ 🏠 をタップします

PayPayを使った支払い

❶ 🔲をタップ👆します

バーコードが表示されています

❷ 店頭の端末で支払いの操作を実行します

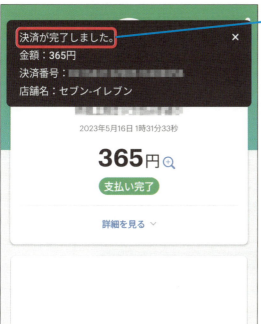

「決済が完了しました」と表示されました

ヒント

お店のQRコードを読み取って支払うときは

各店舗のQRコードを読み取って支払うときは、269ページの手順1の画面で、[スキャン]をタップし、お店のQRコードを読み取ります。金額を入力後、お店の人に画面を見せ、[支払う]をタップすると、支払うことができます。

Bluetoothイヤホンを使いたい

キーワード **Bluetooth**

スマートフォンにワイヤレスイヤホンを接続してみましょう。音楽や映像を楽しむときなどに便利です。Bluetoothという方式で簡単に接続できます。

操作はこれだけ　タップ ➡20ページ

1　Bluetooth機器とのペアリングを開始します

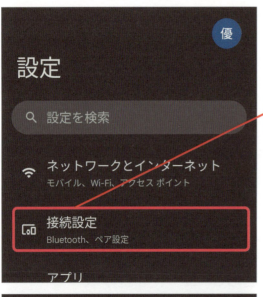

レッスン⓰（68ページ）を参考に、［設定］の画面を表示しておきます

❶ 接続設定 をタップします

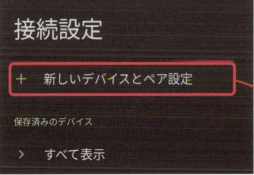

❷ Bluetoothイヤホンでペアリングの操作を実行しておきます

❸ 新しいデバイスとペア設定 をタップします

もっとスマートフォンを活用しよう　第10章

272 できる

② 接続するBluetooth機器を選択します

近くにあるBluetooth機器の一覧が表示されました

❶ 機器名をタップ します

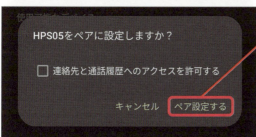

❷ ペア設定する をタップ します

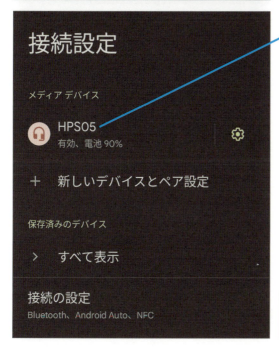

選択したBluetooth機器とのペアリングが完了しました

ヒント

専用のアプリが用意されていることがある

利用するイヤホンによっては、専用のアプリが用意されている場合があります。音質やボタン操作のカスタマイズなどができる製品もあるので、取扱説明書などを参考に、アプリをインストールしておきましょう。

クイック設定を自分好みに設定したい

キーワード クイック設定の編集

スマートフォンの画面上部をスワイプしたときに表示されるクイック設定をカスタマイズしてみましょう。よく使う機能のタイルを配置できます。

操作はこれだけ：タップ ➡20ページ　スワイプ ➡21ページ　ドラッグ ➡22ページ

1 クイック設定の編集画面を表示します

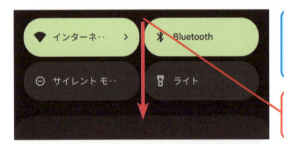

レッスン⑩（40ページ）を参考に、通知パネルを表示しておきます

❶下にスワイプします

> **ヒント**
>
> **クイック設定の配置をリセットできる**
>
> クイック設定にあるタイルの配置は、手順2の操作1の画面で［リセット］をタップすることで、いつでも初期状態に戻せます。間違えても元に戻せるので、安心してカスタマイズしてみましょう。

❷ 🖉 をタップします

② タイルを追加します

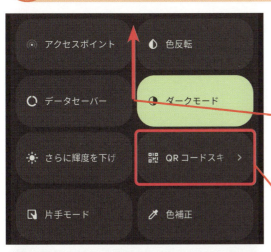

ここでは［QRコードスキャナ］を追加します

❶ ［QRコードスキャナ］が表示されるまで画面を上にスワイプします

❷ ［QRコードスキャナ］をロングタッチします

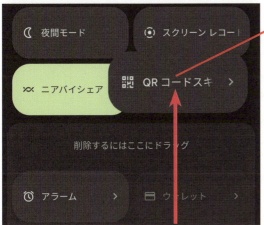

❸ そのまま上にドラッグします

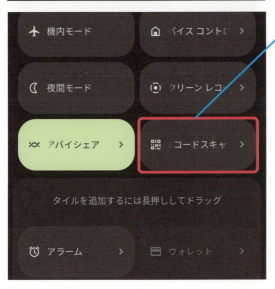

クイック設定に、［QRコードスキャナ］が追加されました

スマートフォンの「困った！」に答える **Q&A**

スマートフォンの写真をパソコンで見たい

パソコンでGoogleフォトのWebページにアクセスします

スマートフォンで撮影した写真をパソコンからも見られるようにしてみましょう。[フォト] アプリの自動バックアップがオンになっている場合、クラウドにバックアップされた写真をパソコンのブラウザから表示したり、ダウンロードしたりすることができます。

❶右のURLを入力します

Google フォト
https://photos.google.com/

❷ Enter キーを押します

Googleアカウントのログイン画面が表示されたら、ログインしておきます

スマートフォンから自動バックアップされた写真が表示されました

❸写真をクリックします

写真が大きく表示されました

もっとスマートフォンを活用しよう

第10章

付録 iPhoneからデータを移行するには

古いスマートフォンのデータを新しいスマートフォンに移行しましょう。Androidスマートフォン同士でも移行できますが、ここではiPhoneからAndroidスマートフォンに移行する方法を説明します。初期設定時に［アプリとデータのコピー］を実行することで、簡単に写真や連絡先、メッセージなど、今まで使っていたデータを移行できます。

iPhoneから移行する流れ

1．Androidスマートフォンのセットアップ
初期セットアップを実行し、［アプリとデータのコピー］を実行します　→手順1～2

2．iPhoneとAndroidスマートフォンの接続
移行元のiPhoneをケーブルで接続します　→手順3

3．データの移行を実行
移行するデータを選択してコピーします　→手順4～6

4．Googleアカウントの設定
移行先のAndroidスマートフォンにGoogleアカウントを設定します
→レッスン⓱または⓲

移行に必要なもの

iPhoneから移行するには、新しいスマートフォンを接続するケーブルが必要です。iPhoneのLightning端子とUSB Type-C端子を接続するケーブルを用意しましょう。本書で使っているPixel 7aや一部のスマートフォンには、USB Type-A端子をUSB Type-C端子に変換するクイックスイッチアダプターが同梱されていて、iPhoneの充電で利用しているLightningケーブルを組み合わせれば、Androidスマートフォンと接続できます。

●USB-C – Lightningケーブル

移行先となるAndroidスマートフォンの操作

1 Wi-Fiに接続します

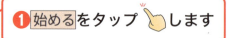

レッスン❺（24ページ）を参考に、スマートフォンの電源をオンにします

❶ 始める をタップします

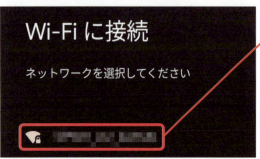

❷ 接続するWi-Fiアクセスポイント名をタップします

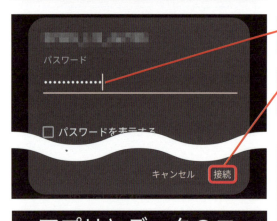

❸ 暗号化キーを入力します

❹ 接続 をタップします

ヒント

初期セットアップ後に移行できるの？

データの移行は、基本的に初回起動時のみ実行できます。次のページの手順2で［コピーしない］を選択した場合でもセットアップ完了後に表示される［(機種名)をセットアップ中］という通知から移行できますが、それも逃した場合は、手動でデータを移行するか、端末をリセットして、初期設定をやり直します。

❺ 次へ をタップします

② iPhoneとの接続を準備します

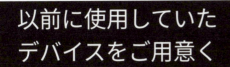

❶ iPhoneのロックを解除します

❷ 次へをタップします

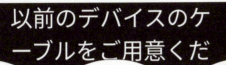

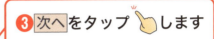
❸ 次へをタップします

❹ 次へをタップします

移行元となるiPhoneの操作

③ iPhoneとスマートフォンを接続します

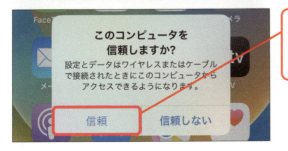

❶ iPhoneとスマートフォンをケーブルで接続します

❷ iPhoneの画面に表示された画面で信頼をタップします

移行先となるAndroidスマートフォンの操作

4 Googleアカウントの設定をスキップします

［デバイスが接続されました］と表示され、iPhoneとスマートフォンの接続が完了しました

❶ 次へ をタップします

> **ヒント**
>
> **アプリも移行したいときは Googleアカウントを設定する**
>
> 手順4の［ログイン］画面でGoogleアカウントを設定すると、iPhoneで使っていた一部のアプリも移行できます。ただし、Androidに対応していないアプリは移行できません。

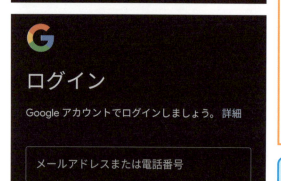

ここではGoogleアカウントにログインせずに進めます

❷ スキップ をタップします

❸ スキップ をタップします

間違った場合は？ ［iPhoneのロックを解除してください］と表示されたときはiPhoneがロックされ、操作ができない状態になっています。ロックを解除すると、操作を続けられます。

280

iPhoneからコピーするデータを確認します

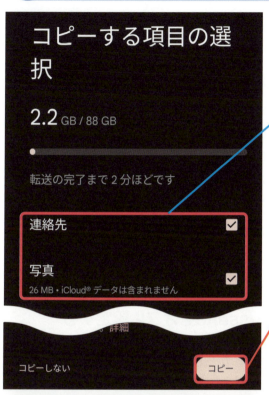

iPhoneからコピーするデータを選択する画面が表示されました

チェックマークでコピーするかどうかを選択できます

❶ コピー をタップします

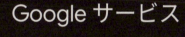

データのコピーが完了すると、[Googleサービス]の画面が表示されます

❷ 同意する をタップします

付録

できる | 281

6 データのコピーを完了します

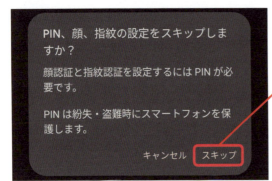

PINの設定画面が表示されました

❶ スキップ をタップします

Googleのアプリをダウンロードする画面が表示されました

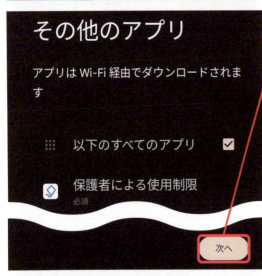

❷ 次へ をタップします

> **ヒント**
>
> **iMessageをオフに設定する**
>
> iPhoneから移行する場合は、コピー完了後に、SMSの設定の切り替えが必要です。画面の指示に従って、iPhoneからSIMカードを取り外す前に［iMessage］をオフにしておきましょう。

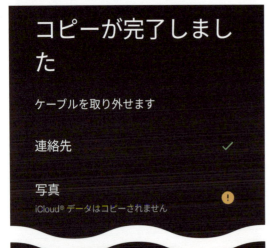

> **ヒント**
>
> **コピーした後に Googleアカウントを設定するには**
>
> この手順のように、コピー時にGoogleアカウントを設定していない場合は、後からGoogleアカウントの設定が必要です。レッスン⓱とレッスン⓲を参考に、Googleアカウントを追加しましょう。

❸ 完了 をタップします

索 引

記号・数字・アルファベット

＋メッセージ ————————128, 130
3ボタンナビゲーション ——————34
　アイコン ……………………………… 35
　アプリの切り替え ……………… 37
　ホームへの移動 ………………… 35
　前に戻る ……………………………… 36
auメール ————————————129
Bluetooth ————————————272
Chrome ————————————148, 150
　PC版サイト …………………………… 168
　タブ …………………………………………… 160
　ブックマーク ……………… 156, 159
Gmail ——————14, 66, 74, 128, 136
　検索 ……………………………………… 140
　下書き ………………………………… 139
　添付ファイル ………………………… 144
　分類 ……………………………………… 142
Google Play開発者サービス ———217
Google Playギフトカード ————222
Googleアカウント ———66, 72, 80
　作成 ……………………………………… 74
　電話番号 …………………… 76, 82
　パスワードをお忘れの場合 ………… 81
　バックアップ ……………………… 78
Googleフォト ————————————276
Googleレンズ ————————————164
iPhoneから移行 ————————————277
LINE ——————————————14, 234
　音声通話 ………………………… 250
　かんたん引き継ぎQRコード ……… 252
　グループ ……………………………… 248

写真 …………………………………… 257
新規登録 ………………………… 236
スタンプ ……………………………… 258
トーク ………………………………… 246
友だち自動追加 ……………… 239, 242
友だち追加 ……………………… 242
友だちへの追加を許可 ……… 239
友だちリスト …………………… 244
年齢確認 ……………………… 240
MVNO ——————————————16
PayPay ————————266, 269, 271
PIN ——————————84, 86, 89
Playストア ————————————216
QRコードスキャナ ————190, 275
QWERTYキーボード ——————52, 54
SIMカードスロット ————————19
SMS ——————————129, 130, 134
Softbankメール ————————129
SSID ——————————————92
Wi-Fi ——————————————92, 94
Y!mobileメール ————————129

ア

アプリ ——————14, 44, 192, 260
　切り替え ……………………… 37, 212
　検索 ……………………………… 46, 217
　更新 ……………………………… 220
　購入 ……………………… 222, 225
　削除 ……………………………… 229
　終了 ……………………………… 47, 214
　追加 ……………………………… 216
アプリとデータのコピー ————277

索引

アラーム	204, 206
暗号化キー	92, 94
位置情報	195
インターネット	15, 148
ウィジェット	38, 167
絵文字	56, 58, 134
大文字	55
お気に入り	156
音声検索	166
音声入力	64
音量キー	18, 90

カ

外部接続端子	19, 26
各部の名称	18
壁紙	180
カメラ	172, 184
画面の明るさ	102
画面ロック	84
カレンダー	208
記号	56
機種変更	252
機内モード	104
強制終了	106
共有	231
クイック設定	40, 43, 70, 274
設定	274
編集画面	274
携帯電話会社	16
消しゴムマジック	265
検索ウィジェット	155, 200
コピー	63

サ

再起動	25
ジェスチャーナビゲーション	34
アプリの切り替え	37
ホームへの移動	35
前に戻る	36
システムナビゲーション	34, 36
自動回転	105
自分撮り	173, 184
指紋センサー	19, 98
指紋認証	98
写真	15, 170, 176
Googleフォト	276
LINE	257
壁紙	171, 180
消しゴムマジック	265
削除	188
撮影場所	181
バックアップ	177, 183
編集	262
保存	146
充電	26
初期設定	31, 277
スクリーンショット	232
ステータスアイコン	60
ステータスバー	38, 40, 43, 60
スマートフォン決済	266
スリープ	30
スワイプ	21
セキュリティロック	84, 86
接続ケーブル	26
設定	68
Googleアカウント	72
Wi-Fi	93, 94

画面の明るさ …………………… 102
検索 ……………………………… 71
システムナビゲーション ……… 36
自動回転 ………………………… 105
通知パネル ……………………… 70
メディアの音量 ………………… 91
文字の大きさ …………………… 103
ソフトウェア更新————————106

タ

濁音————————————50
タッチパネル————————20
タップ————————————20
タブ————————160, 162
ダブルタップ————————20, 196
地図————15, 194, 198, 200
着信履歴————————125
通知————————————40
　消去 ……………………………… 41
　ロック画面 …………………… 42, 88
通知アイコン————————60
通知パネル————40, 42, 43, 96
電源アダプター————————26
電源キー————————18, 24
電源を切る————————24
電話————————110, 114
　終了 …………………………… 113
　着信音 ………………………… 114
　着信履歴 ……………………… 125
　留守番電話 …………………… 126
電話帳————————116
動画————————15, 170, 184
　LINE …………………………… 257
　再生 …………………………… 187

ドコモメール————————129
ドラッグ————————————22

ナ・ハ

日本語入力————————48
バックアップ————78, 189, 276
貼り付け————————63
半角英数字————————52
半濁音————————————50
ピンチアウト————23, 153, 196
ピンチイン————23, 154, 196
フォルダ————————39, 228
不在着信————————124
ブックマーク————157, 158
フリック————————21
フリック入力————————62
ペアリング————————272
ホーム画面————————38

マ・ラ・ワ

マップ————194, 195, 200
マナーモード————————90
メール————————128
メッセージ————————14
楽メール————————129
留守番電話————————126
連絡先————116, 118, 121
ロック画面————24, 30, 33
　写真 …………………………… 182
　通知 …………………………… 42, 88
ロングタッチ————————21
ワイヤレスイヤホン————272

本書を読み終えた方へ
できるシリーズのご案内

パソコン関連書籍

できるWindows 11 2023年 改訂2版 特別版小冊子付き

法林岳之・一ケ谷兼乃・清水理史 &
できるシリーズ編集部
定価：1,100円
（本体1,000円＋税10％）

最新アップデート「2022 Update」に完全対応。基本はもちろんエクスプローラーのタブ機能など新機能もわかる。便利なショートカットキーを解説した小冊子付き。

できるWindows11 パーフェクトブック 困った！＆便利ワザ大全 2023年 改訂2版

法林岳之・一ケ谷兼乃・清水理史 &
できるシリーズ編集部
定価：1,628円
（本体1,480円＋税10％）

基本から最新機能まですべて網羅。マイクロソフトの純正ツール「PowerToys」を使った時短ワザを収録。トラブル解決に役立つ1冊です。

できるゼロからはじめるパソコンお引っ越し Windows 8.1/10 ⇒11超入門

清水理史 &
できるシリーズ編集部
定価：1,738円
（本体1,580円＋税10％）

メール・写真・ブラウザのお気に入りなど、大切なデータを新しいパソコンに移行する方法を丁寧に解説！

読者アンケートにご協力ください！

ご意見・ご感想をお聞かせください！

https://book.impress.co.jp/books/1122101185

「できるシリーズ」では皆さまのご意見、ご感想を今後の企画に生かしていきたいと考えています。
お手数ですが以下の方法で読者アンケートにご協力ください。
ご協力いただいた方には抽選で毎月プレゼントをお送りします！

※プレゼントの内容については「CLUB Impress」のWebサイト（https://book.impress.co.jp/）をご確認ください。

1. URLを入力して Enter キーを押す
2. ［アンケートに答える］をクリック

◆会員登録がお済みの方
会員IDと会員パスワードを入力して、［ログインする］をクリックする

◆会員登録をされていない方
［こちら］をクリックして会員規約に同意してからメールアドレスや希望のパスワードを入力し、登録確認メールのURLをクリックする

※Webサイトのデザインやレイアウトは変更になる場合があります。

■著者

法林岳之（ほうりん　たかゆき）info@hourin.com

1963年神奈川県出身。パソコンのビギナー向け解説記事からハードウェアのレビューまで、幅広いジャンルを手がけるフリーランスライター。特に、スマートフォンや携帯電話、モバイル、光インターネットなどの通信関連の記事を数多く執筆。「ケータイWatch」（インプレス）などのWeb媒体で連載するほか、ImpressWatch Videoでは動画コンテンツ「法林岳之のケータイしようぜ!!」も配信中。主な著書に『できるWindows 11パーフェクトブック困った！＆便利ワザ大全 2023年 改訂2版』『できるWindows 11 2023年改訂2版』『できるZoom ビデオ会議やオンライン授業、ウェビナーが使いこなせる本 最新改訂版』『できるChromebook 新しいGoogleのパソコンを使いこなす本』『できるはんこレス入門PDFと電子署名の基本が身に付く本』『できるテレワーク入門 在宅勤務の基本が身に付く本』『できるゼロからはじめるパソコン超入門 ウィンドウズ11対応』『できるfitドコモのiPhone14/Plus/Pro/Pro Max 基本＋活用ワザ』『できるfit auのiPhone14/Plus/Pro/Pro Max 基本＋活用ワザ』『できるfitソフトバンクのiPhone14/Plus/Pro/Pro Max 基本＋活用ワザ』（共著）（インプレス）などがある。

URL：http://www.hourin.com/takayuki/

清水理史（しみず　まさし）shimizu@shimiz.org

1971年東京都出身のフリーライター。雑誌やWeb媒体を中心にOSやネットワーク、ブロードバンド関連の記事を数多く執筆。「INTERNET Watch」にて「イニシャルB」を連載中。主な著書に『できるゼロからはじめるパソコンお引っ越しWindows 8.1/10⇒11超入門』『できるWindows 11パーフェクトブック困った！＆便利ワザ大全 2023年 改訂2版』『できるWindows 11 2023年 改訂2版』『できるZoom ビデオ会議やオンライン授業、ウェビナーが使いこなせる本 最新改訂版』『できるChromebook 新しいGoogleのパソコンを使いこなす本』『できるはんこレス入門PDFと電子署名の基本が身に付く本』『できる 超快適Windows 10パソコン作業がグングンはかどる本』『できるテレワーク入門在宅勤務の基本が身に付く本』などがある。

STAFF

本文オリジナルデザイン	川戸明子
シリーズロゴデザイン	山岡デザイン事務所<yamaoka@mail.yama.co.jp>
カバーデザイン	川之口正和・齋藤友貴（OKIKATA）
カバーイラスト	亀山鶴子
カバー＆本文撮影	加藤丈博
本文フォーマット＆デザイン	町田有美
DTP制作	町田有美・田中麻衣子
校正	株式会社トップスタジオ
デザイン制作室	鈴木　薫<suzu-kao@impress.co.jp>
制作担当デスク	柏倉真理子<kasiwa-m@impress.co.jp>
編集制作	高木大地
編集	小野孝行<ono-t@impress.co.jp>
編集長	藤原泰之<fujiwara@impress.co.jp>
オリジナルコンセプト	山下憲治

■商品に関する問い合わせ先

このたびは弊社商品をご購入いただきありがとうございます。本書の内容などに関するお問い合わせは、下記のURLまたは二次元バーコードにある問い合わせフォームからお送りください。

https://book.impress.co.jp/info/

上記フォームがご利用いただけない場合のメールでの問い合わせ先
info@impress.co.jp

※お問い合わせの際は、書名、ISBN、お名前、お電話番号、メールアドレス に加えて、「該当するページ」と「具体的なご質問内容」「お使いの動作環境」を必ず明記ください。なお、本書の範囲を超えるご質問にはお答えできないのでご了承ください。

● インプレスブックスの本書情報ページ https://book.impress.co.jp/books/1122101185 では、本書のサポート情報や正誤表・訂正情報などを提供しています。あわせてご確認ください。
● 本書の奥付に記載されている初版発行日から1年が経過した場合、もしくは本書で紹介している製品やサービスについて提供会社によるサポートが終了した場合はご質問にお答えできない場合があります。

■落丁・乱丁本などの問い合わせ先
FAX 03-6837-5023
service@impress.co.jp
※古書店で購入された商品はお取り替えできません。

できるゼロからはじめるスマホ超入門
Android対応 最新版

2023年7月21日 初版発行

著　者　法林岳之・清水理史 & できるシリーズ編集部

発行人　高橋隆志

発行所　株式会社インプレス
　　　　〒101-0051　東京都千代田区神田神保町一丁目105番地
　　　　ホームページ　https://book.impress.co.jp/

本書は著作権法上の保護を受けています。本書の一部あるいは全部について（ソフトウェア及びプログラムを含む）、株式会社インプレスから文書による許諾を得ずに、いかなる方法においても無断で複写、複製することは禁じられています。

Copyright © 2023 Takayuki Hourin, Masashi Shimizu and Impress Corporation. All rights reserved.

印刷所　株式会社広済堂ネクスト
ISBN978-4-295-01734-9 C3055

Printed in Japan